U0186535

了不起的基因

尹烨 著

SPM
南方传媒 | 广东经济出版社
· 广州 ·

果麦文化　出品

自序

作为一个研究了二十多年基因的人，不得不说：基因真的很了不起。

虽然问起我关于基因的知识，无论在哪个层面上我都能说出一二，但如果让我用一个整体观描述研究基因之后的感受，经过深思熟虑，就五个字：

我一无所知。

这不是谦虚，而是惶恐。

在这么多年的科普过程中，第一个被问到的问题，大概率就是："什么是基因？"我一般会用中学生物的范畴告知"一段有功能的DNA序列"。但倘若追问一句，什么叫作"有功能"，我可能就会被问得汗毛竖起、一身冷汗。且不说有功能的或可能是RNA而非DNA序列，也暂不论绝大多数工作都不是由一段而是多段序列共同配合完成的……单说什么叫"有功能"，就足以让我脑袋炸裂：编码算功能，非编码就不算功能？名词动词算功能，助词叹词就不算功能？在越想越复杂之后，大抵我只能用先贤形而上的名言来掩盖自己的无知——

佛陀言："起功用"；老子说："非常道"。

其形而上的内涵，大抵相当于在生命科学领域说基因"有功能"，而这个功能是很了不起的。

所谓的"了不起"，首先表现在它的名称上。1909年，"基因（gene）"由丹麦遗传学家约翰逊提出，其印欧语（PIE）词根"*gene"本意即为"产生、出生"的意思，传入希腊语和拉丁语中，"gen-"这一词根及其变种则有了"出身、天性、血统、种族、种类"的意思，故对生命来讲，生而具之的即是"基因"。

接下来的"了不起"，当然就是它的中文翻译。基因基因，生命"基本的因素"，这恐怕是"西学东渐"翻译中最符合信、达、雅的一个词。值得一提的是，我们经过大量的史料考证，gene一词作为遗传学词语引入中文，应是在1923年。彼时，冯肇传将之译为"因子"，陈桢将之译为"因基"。到了1930年，潘光旦首次将其翻译成"基因"，并经过谈家桢、卢惠霖等一众大咖的推广，终将其固定为"基因"——同"音"共"意"，可谓妙哉。

再接下来的"了不起"，表现在它的神秘感上。1859年，达尔文已经知道了物竞天择，但还远远不知道其物质上的实证；1865年，孟德尔已经发现了遗传变异，但还远远不知道其还原论的演绎；1871年，米歇尔已经提纯出核酸，但还远远不知道这就是遗传物质的本体；1911年，摩尔根已经提出了染色体遗传理论，但此时还不知道遗传物质究竟是核酸还是蛋白质；直到1944年，艾弗里通过肺炎双球菌实验一锤定音，终于确证了遗传物质是DNA，而基因则藏于其内。

再再接下来的"了不起"，表现在它的物理结构上。1944年，薛定谔已开始从物理的角度思考"生命是什么"，尝试从核酸中找到"第五种力"，并大胆推测其应该是一种"非周期晶体"；1952年，鲍林已经抢先提出了DNA"三螺旋结构"，然而发表后旋即被证明是错误的；直到1953年4月25日，当沃森和克里克发表了题为《核酸的分子结构：脱氧核糖核酸之构造》这篇伟大而精悍的论文后，这个复杂生命设计中最精妙的呈现才得以通晓于世。

再再再接下来的"了不起"，表现在它对科技产业的推动上。双螺旋结构的发现，使得人类对生命密码的了解成为可能。1958年，克里克提出了中心法则，理顺了从DNA到RNA再到蛋白质的关系；1970年，吴瑞发明了引物延伸并将其应用于DNA测序，启发了桑格后续的测序技术；1975年，桑格发明了第一个被广泛应用的DNA测序方法——双脱氧终止法，人类基因组解密在技术上有了坚实的依托；1990年，人类基因组计划（HGP）启动，在之后的十几年中，华大代表中国完成其中1%；2022年，"时空组学技术"首次通过测序实现了细胞内的基因表达定位，中国测序技术实现领先世界。

再再再再接下来的"了不起"，表现在它的普适性上。通过大量生命密码的解密，我们知道万命互联的根本。正如诺贝尔奖获得者、法国科学家雅克·莫诺所说，"大肠杆菌如此，大象也是如此，人类本身更加如此"。人类和果蝇共享了39%的基因，和小鼠共享了80%的基因，和猩猩的基因相似度甚至超过了98%，人类所携带的微生物总数量超过人类细胞的3~10倍，即使是最简单的病毒也依然可以无碍穿梭在生物圈……正如我们熟悉的乐高积木，无论成品多复杂，其基本组件并无二致。

再再再再再接下来的"了不起"，表现在它的信息密度上。思考一下，仅仅6个皮克（1皮克=$1×10^{-12}$克）的遗传信息就足以让一个受精卵发育成一个人或者一只蓝鲸，其细胞量扩张了百万亿甚至千万亿倍；而1克DNA所携带的信息量可高达EB级，相比于今天的硬盘存储高了10亿倍，仅需十数公斤DNA即可存储人类有史以来的全部数据，这是赤裸裸的有机碳对无机硅的碾压，也是自然造物神奇的核心体现。

而其中最了不起的，则表现在其涌现能力上。基因一路走来，从无细胞到有细胞，从单细胞到多细胞，从简单到复杂，从低等到高等，从无性到有性，从水生到陆生，从无意识到有神经，一直到诞生出具备"算计"的高级智能……其中最最了不起之处表现在，其本私的物性上竟然诞生了无私的人性，为"万物的灵长"找回了些许面子。

基因的了不起，我说不完，这并非篇幅问题，即使篇幅无限，我依然说不完。正所谓"已知圈越大，未知圈更大"。

生命科学中唯一不例外的就是例外，生命在任何情境中都能找到看似不可能的出口，所以虽然我对人类的自大向来嗤之以鼻，但又对人类穿越星际充满信心……而让这一切看似矛盾却又有奇迹发生的底层本质，就是这两个字的力量：

基因。

目录

Chapter 1

基因，
这么讲我就懂了

整体来讲，基因即"基本的因素"，构成了我们生命活动最基本的语言，代表了我们生命密码的物质基础，携带着我们生命世世代代得以保留的信息。

提到基因，我们自然会想到核酸、DNA等概念，其实这三者的物质基础十分相近，就像水、水蒸气和冰的关系，它们本质上都是由同样的要素构成，只是在不同学科或领域的叫法不同。

什么是基因？

DNA属于核酸的一种，核酸可以分为脱氧核糖核酸和核糖核酸。DNA是脱氧核糖核酸（Deoxyribonucleic Acid）的英文缩写，携带着遗传信息。而RNA是核糖核酸（Ribonucleic Acid）的英文缩写，在体内主要引导蛋白质的合成。A、T、C、G四种碱基构成DNA螺旋结构，符合右手螺旋法则。这种螺旋结构在我们生活中也十分常见，比如旋转楼梯。这样的结构保证了能量最低、长久且持续的稳定性。而RNA则是单链结构，缺乏稳定性，例如RNA病毒，相对更容易发生变异。

RNA单链结构

我们每个人的基因组大小约3Gb，即意味着由30亿个碱基对构成，用扑克牌来比喻比较好理解。A、T、C、G四种碱基对应扑克牌的四种花色，且A只能匹配T，C只能匹配G，这四种花色两两配对形成30亿个碱基对，这30亿对碱基在我们的生殖细胞（精子或卵子）里被分成了23撮，每一撮就相当于一条染色体，这些染色体就是遗传信息的载体。正常人体细胞的染色体共有23对，46条，一半来自父亲，一半来自母亲；其中有22对常染色体，1对性染色体，性染色体是XY即为男性，XX即为女性。

人类染色体核型分析

人类的遗传物质从染色体层面上讲，可以叫作染色体组，"组"的意思就是所有染色体在一起。但如今的研究能力使得科学家们更多地从基因层面上进行分析，称其为"基因组"，即把所有的基因一起研究，因而这个研究的分辨率和精细度就大大提升了。这些染色体、基因都是由DNA构成的，基因就代表其中一段有意义的序列，此外还有一些调控序列，调控序列是控制基因表达的DNA片段。

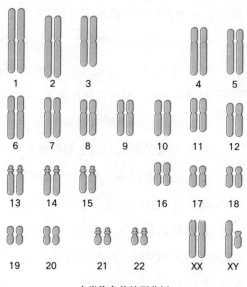

人类染色体核型分析

结构决定功能。碱基配对、DNA双螺旋结构这些精妙的结构都来自亿万年的生命演化。而碱基在关键位置细微的不同就会出现基因突变，进而导致表现出的性状发生变化。每个人在出生时，就好比是抓了一手扑克牌，但请注意我们要按照生命的规则出牌，并不是随便怎么出都是有意义的，比如"10、J、Q、K、A"这是一连串的顺子，都出完就打赢了。但是如果发生了基因突变，手里的牌变成了"9、10、Q、K、A"，这就不是顺子了，很可能就会造成出生缺陷、恶性肿瘤，或者罹患各种传染疾病、感染疾病。

因此，整体来讲，基因即"基本的因素"，构成了我们生命活动最基本的语言，代表了我们生命密码的物质基础，携带着我们生命世世代代得以保留的信息。

一个人大约有40万亿～60万亿个细胞，除生殖细胞外，每个细胞携带的基因组都是相同的。那么问题来了，既然同一个人的每个细胞中都有遗传物质，为什么有些组成手、有些组成腿、有些组成内脏了？

这是因为，即使每个细胞携带所有相同的遗传信息，单个细胞在同一时空内也只会表达其中一部分基因。DNA提供的是一种可能性——在转化成RNA、蛋白质、代谢物的过程中差异很大——在转化过程中，逐步分化出不同的细胞，进而构建成不同的组织、器官、系统和人体，这就是从一个受精卵变成一个婴儿（大约万亿个细胞）的过程。此外，想想同卵双胞胎，他们的基因是几乎一致的，但随着年龄的增长，差异会越来越大。所以不能说，有好基因就一定能表达出好基因的性状，每个人都是基因和环境相互作用所决定的。

基因的发现

我们常说"21世纪是生命科学的世纪"，而最近20年生命科学的快速发展也需要我们回望这一路走来的艰辛——和所有的科学发现一样，基因的发现是一个漫长而曲折的过程。

首先我们要知道，当今人类已知的真理是"有限真理"或"有效真理"——科学的不断进步与发现随时可能颠覆我们的认知。正如1953年詹姆斯·杜威·沃森（James Dewey Watson）和弗朗西斯·哈利·康普顿·克里克（Francis Harry Compton Crick）发表DNA分子结构之前，再聪明的人也不知道DNA结构是什么，只有在文章发表之后，人们才逐渐了解DNA双螺旋结构，生命科学研究才进入到分子层面。

科学史上有太多这样的故事，因为一年的时间或一个人的发现，就解决了一个大问题，并将人类认知向前推进了一大步。

我们可以从两本著作说起，一本是1543年出版的《人体结构》，一本是1859年出版的《物种起源》。

让我们将目光放到欧洲。罗马时期的名医克劳迪亚斯·盖伦（Claudius Galenus）从动物和植物入手解剖，极大推动了解剖学的发展。那时，人体解剖被列为禁忌，整整封印了1200多年。而在黑死病之后，严苛的教条瓦解，文艺复兴让艺术与科学氛围更加宽容。1543年，比利时医生安德烈·维萨里（Andreas Vesalius）出版了《人体结构》这一巨作，纠正了盖伦时期的很多偏差，建立了近代人体解剖学理论。

1543年是奇迹的一年。那一年，哥白尼发表了"日心说"；那一年，德川家康出生，后来他统一了日本；那一年，西班牙探险家以西班牙亲王菲利普的名字给菲律宾命名；那一年，是中国明朝嘉靖二十二年……一年之间发生了很多事情，而在

维萨里（绘图：Jan van Calcar）

生命科学领域，《人体结构》让人类开始从生物角度更加了解自己。

　　随后，血液循环学说的提出、显微镜的发明、显微图谱的绘制、细胞学说的创立等都在为遗传物质的发现积蓄力量。直到1859年，达尔文发表《物种起源》，提出人类起源于古猿的可能，把"神创论"放到了尴尬的位置，才将生命起源推回到科学的正轨中去。达尔文从现象规律给出的生命起源的更合理推测，核心上是在哲学观角度否定了"神创"，这也正是达尔文的伟大之处。

　　1865年，格雷戈尔·约翰·孟德尔（Gregor Johann Mendel）通过豌豆实验建立了遗传法则。我认为孟德尔是十分幸运的，因为假如选择其他物种来做实验，其结果可能会截然不同。他的文章在最初发表时并未引起大的反响，1900年前后，有科学家重新做了类似实验，并引用了孟德尔的文章，生物学界由此才发现了豌豆实验的重要价值。

在这期间，年轻的瑞士医生弗雷德里希·米歇尔（Friedrich Miescher）发现了核酸是遗传信息的载体。大约1868年至1873年间，米歇尔生活的地区时常发生战乱，他得以从收集的绷带上观察白细胞。他发现，这些细胞的细胞核内有一种酸性物质，他称之为"核素"（nuclein，现称核酸），这种物质在细胞中广泛存在，细胞分裂前它的含量会显著增加。这里要说明，血细胞中成熟的红细胞没有细胞核和线粒体，所以也就没有DNA。然而，经过一番研究后，米歇尔认为不同生物的核素化学性质十分接近，这显然无法解释生物的多样性，或许核素并不是遗传物质。因此当时主流观点仍坚持认为生命的基本物质是蛋白质，遗传物质可能存在于蛋白质中。

大约1909年，丹麦遗传学家威廉·约翰森（Wilhelm Johannsen）赐予了遗传物质"gene"这样一个绝世好名字，并由中国遗传学先驱潘光旦、谈家桢、卢惠霖等将其汉语译名推广为"基因"。在考证"基因"一词的由来时，我们有一个有趣的发现：大量的史料证明，gene一词中译成"基因"大体是1930年由潘光旦首创；但gene一词作为遗传学词语引入中文，应是在更早的1923年。彼时，冯肇传将之译为"因子"，陈桢将之译为"因基"。20世纪30年代，gene在很多书中被翻译成了"因基"，解释为"物质的基本因子"，即便多次改版、再印，使用的都是"因基"这一中译词。有据可考的是，1936年，谈家桢先生首次谈及于此，他在《国立武汉大学理科季刊》刊发的《遗传"因基"学说之发展》一文，用的就是"因基"一词。但20世纪50年代之后，风向似乎发生了转变。不难看到，在那时的生物学相关教科书中，都普遍开始使用"基因"一词了，如谈家桢先生于1955年出版的首部著作《生物学引论》，用的就是"基因"这个词。因而，我们推测gene的中译词出现了演变，并排除"因基"是印刷错误的可能。毕竟，"基因"这一中译，无论是在音译还是意译方面，都更为契合，因而得以逐渐取代"因基"，成为主流的中译词。至于我们对gene的解构剖析，究竟是因基——"因子的物质基本"，还是基因——"基本的因子"，的确是一个很有意思的话题，值得我们进一步理解与思考。

1910年，美国生物学家托马斯·亨特·摩尔根（Thomas Hunt Morgan）及其夫人通过果蝇实验创立了染色体遗传理论，发现了染色体遗传机制。如果说孟德尔通过植物实验建立了宏观遗传法则，那么摩尔根则更多地侧重于动物实验，并由此推动了细胞遗传学发展。在这里不得不说，很多生物为人类遗传学研究作出过重要贡献，包括但不限于拟南芥、水稻、线虫、果蝇、斑马鱼、小鼠、大鼠、家兔、恒河猴、食蟹猴、黑猩猩等。这里值得一提的是，在1931年德国科学家恩斯特·鲁斯卡（Ernst Ruska）发明电子显微镜之前，因为可见光衍射极限的原因，人们只能看到细胞、细菌、细胞器或染色体，而更小的病毒、蛋白质、基因在当时还无法通过光学显微镜看到，人们只能通过观察细胞和染色体去进一步研究遗传学。基因到底是什么？人们仍旧为之着迷。

直到1944年，奥斯瓦德·西奥多·艾弗里（Oswald Theodore Avery）进行的肺炎双球菌体外转化实验，使"DNA是遗传物质"这一事实无可辩驳。他的发现开启了分子遗传学的大门。但是对于DNA的结构，人们还不甚了解。

到了1953年，沃森和克里克先于当时的权威莱纳斯·鲍林（Linus Pauling），确认了DNA的正确结构——双螺旋而非三螺旋，使遗传学的研究深入到分子层次，分子生物学时代由此正式开启。其中作出重要贡献的其实还有英国女科学家罗莎琳德·富兰克林（Rosalind Franklin）。

富兰克林在伦敦国王学院就职时，将X射线技术应用于DNA的结构研究，成功拍摄了DNA晶体的X射线衍射照片，而这张照片正是后来沃森和克里克得以发现DNA结构的关键所在。作为

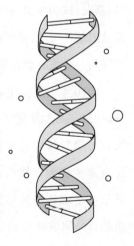

DNA双螺旋结构

合作伙伴的莫里斯·威尔金斯（Maurice Wilkins）在富兰克林不知情的情况下，将这张照片展示给在剑桥大学做DNA结构研究的沃森和克里克，他们很快领悟到——DNA结构是两条以磷酸为骨架的链相互缠绕形成的双螺旋结构，由氢键将之连在一起。这一发现发表于1953年的《自然》（Nature）杂志上，他们与威尔金斯也因此获得了1962年的诺贝尔生理学或医学奖。在此过程中，富兰克林并未追究自己的照片被"盗用"，反而为这一发现而高兴，并在《自然》杂志上发表了一篇证明DNA双螺旋结构的论文。不幸的是，1958年，富兰克林因卵巢癌过早离世，未等到颁发诺奖的那天。不得不说，遗憾虽永远无法弥补，但这位了不起的女性科学家那纯粹的科研精神却让人感动。同时，女性科学家在研究道路上所受到的困难与阻碍，也实在是值得人们反省、沉思。

另外值得一提的是，1955年，华裔科学家蒋有兴不畏权威，将人类染色体数目由48条更正为46条，从而结束了持续32年的错误理论。在蒋有兴提出23对（46条）染色体时，"人类有48条染色体"的共识已经存在长达数十年之久。他的发现最初并不被科学界所认可，直到十几年后欧洲科学家受蒋有兴启发数出了46条染色体后才慢慢被大家接受。在此，我们要反思的，一是在科研中华裔科学家要进一步争取平等和尊重；二是科学必须可被证伪，要允许有人挑战权威，唯有如此科学才能不断进步。

基因后来的故事已被大家所熟知：1958年，克里克提出的"中心法则"（Central dogma），为遗传密码解读作出重要贡献。"中心法则"是指遗传信息从DNA传递给RNA，再从RNA传递给蛋白质，即完成遗传信息的转录和翻译过程；也可以从DNA传递给DNA，即完成DNA的复制过程。我们可以简单地描述遗传信息的传递流程：DNA造出了RNA，RNA制造了蛋白质，而蛋白质会配合前两者的传递，并协助DNA进行复制。时至今日，随着越来越多包括"朊病毒"之类的"例外"的挑战，使得该法则时不时就要补充阐述，但其依然是生物学本不多的基本法则之一。

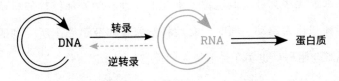

中心法则图解（虚线表示少数生物的遗传信息的流向）

　　至此，人们已经基本了解了遗传物质的结构与机制，后来的基因测序、基因编辑、基因合成等技术都得力于这漫长而曲折的基因发现历程。站在巨人的肩膀上，我们迎来了21世纪——生命科学的世纪，这一段故事我们将在基因技术部分来进行讲述。

Chapter 2

演化，
历程都在序列里

———

从基因层面理解生命，会带给我们很奇妙的体验。用第三视角审视人类这一物种，审视生命的演化，答案往往最接近本质。

基因记录着生命34亿年或更长时间的演化。我们可以把基因看作一段拼命想自我复制的生物化学程序，正如计算机病毒程序不断复制自己、不断传播；正如电子围着原子核运动——结构决定功能。物理学告诉我们，抛在空中的小球会因为重力落下，物体倾向于让自己保持能量更低的状态以维持稳定。可以说，如果物理定律是对的，生命就必然会出现。

　　生命从海洋中走出，大海是生命的"原始汤"——这是目前比较主流的说法。从物质基础上看，人类与星辰大海都是一样的，都由碳、氢、氧、氮、磷、硫等主要元素组成；而从一致性上来看，我们体内的盐分浓度与大海有千丝万缕的联系。实际上，水是很好的介质，能够促使小分子产生大量的碰撞与随机的融合，保证了有机化学反应发生的条件。

　　无机到有机的旅程由此开启，有机大分子日趋复杂，忽然有一天其涌现出自我复制的能力……原始生命就出现了！自此，基因通过随机突变，使得物种不断演化，多样性也愈加丰富起来。有的留在海洋里，有的走向了陆地，有的则飞上天空，不同的物种占据各自的生态位——在生态系统中，一个种群在时间空间上所占据的位置以及它与相关种群之间的关系。生态位有很强的随机性，所以人类今天占据着大量土地并成为城市的主宰，也是一种偶然。从人类角度看这的确很了不起，但从宏观生物学角度理解，我们只是一种主要占据平原并建设了城市的物种而已；同时，从微观来看，人体体表和肠道的每一处角落实则都与大量的微生物共生。

以人类的发展历程为例来看看基因如何记录生命的历程。很久以前，人们便习惯于仰望星空，思考我是谁、我从哪里来、要到哪里去的问题。正是这种宏观世界的探索促进了社会的发展。如今我们已踏上外星球的土地，能用各种理论来解释时空万象，但我们对微观世界的了解并不多，对那些人何以为人、地球生命何以如此缤纷等问题的深层次探究才刚刚开始。

达尔文提出演化论，孟德尔进行豌豆实验，摩尔根创立染色体遗传理论，埃尔温·薛定谔（Erwin Schrödinger）出版《生命是什么》，赫尔曼·马勒（Hermann Muller）研究人工诱发突变……遗传学研究随着一代代大师的新发现而不断向前发展。直到沃森和克里克发现 DNA 双螺旋结构，才将遗传学的发展推至分子层面；至吴瑞开创引物延伸法，启发弗雷德里克·桑格（Frederick Sanger）发明真正可用的测序技术并完成噬菌体 φX174 测序，人类才真正开始掌握了能够解密基因的

工具，得以从生命的根本层面了解自己。

　　作为一名投身生命科学领域二十余年的理科生，我对"生命是什么"这个问题的理解是：生命的本质是化学，化学的本质是物理，物理的本质要用数学来描述。化学统一在元素上，经典物理统一在原子上，量子物理统一在量子上，而生命统一在DNA上。

噬菌体模型图

在我看来，生命正是由一群元素按照经典物理和量子物理的方式组合起来的一个巨大且复杂的系统。

　　从基因层面理解生命，会带给我们很奇妙的体验。用第三视角审视人类这一物种，审视生命的演化，答案往往最接近本质。

基因记录历史

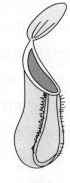

　　人类乐于记录历史，无论是口口相传还是著书立传，这是人类传递生存经验的做法。其他生命没有如人类这般完善的语言和文字系统，但它们的经验另有传递方式。鸟儿懂得季节性迁徙，猪笼草能像动物一样捕杀昆虫，蚂蚁以社会协作的方式群居……科学家们研究发现，这

猪笼草

些都如同指令一般，镌刻在它们的基因里。

当你觉得苍蝇低等时，请不要忘记它与你共享了39%的基因。人同样随身携带历史，祖传的染色体中藏着数百万年来的演化历程，甚至包括从单细胞开始的远古的记忆——那些与微生物交换基因，与鱼类同游海洋，与蕨类争夺阳光的过往，都印刻在基因里。

我们的基因分布在23对染色体上，影响着与我们有关的方方面面。单眼皮还是双眼皮，红头发还是黑头发，蓝眼睛还是棕眼睛……我们的外貌由传承自父母的基因决定。不仅如此，基因甚至还可以直接或间接影响我们后天的生活和行为：酒量、智商、寿命、患抑郁症的可能性、性取向、是否对某种物质过敏等。

人类基因组就是一部用遗传密码写就的人类生命演化史，是一部人类的自传，它从人类祖先诞生之时起，便用"基因语言"记录着人类所经历的世事更迭与沧桑变迁。

基因关联疾病

基因记录人类生命演化的历史，包括疾病。人类的构造和使用说明，都藏在基因里。

基因在"遗传"与"变异"的驱动下，在不同的环境变迁中，为生命寻找着突破口。通过解读基因组，我们能够更好地了解人类的起源和演化，这将带给我们前所未有的全新体验与认知，也将给人类学、心理学、医学、古生物学等相关学科带来一场崭新的革命。

基因突变是演化的动力，也是疾病发生的根源之一。当"变异"让生物更加适应环境时，我们称其为"有益的"；当"变异"导致生物体畸形、残疾甚至死亡时，则称其为"有害的"。这种有害变异的结果，就是"遗传病"。

人类对于"遗传病"的理解也是随着认知水平的提高而深化的。最初，只有可以通过生殖细胞世代相传的先天性疾病才被认为是"遗传病"（如血友病、白化病、软骨发育不全等）。后来，随着对基因等遗传物质研究的深入，即使不能世代相传，由于发育过程中体细胞遗传物质发生改变而导致的疾病也被纳入遗传病范畴（如胎儿期间发生体细胞突变而造成的唐氏综合征）。而从更广阔的意义来看，病原微生物等入侵人体导致的疾病也属于外源遗传物质致病的范畴，因此除外伤、中毒、意外事故等偶发由外部因素引起的疾病外，几乎所有疾病都与遗传有关，真正毫无"遗传"因素的疾病反而微乎其微。

随着人类基因组计划的开展以及测序技术的不断升级，基因检测的成本正在飞速下降。目前，全球基因检测市场的发展如火如荼。由于基因测序与疾病诊断、产前筛查、健康管理、用药治疗等精准医学领域息息相关，它俨然已经成为串联医疗健康这个万亿美元市场的重要环节。资本的大规模介入不仅加剧了全行业的竞争，也促进了新技术的蓬勃发展。技术的革新转化为成本红利，伴随着新技术应用门槛的不断拉低，基因科技终将惠及全民。

然而，基因科技发展也面临一些难题。基因检测预测患病风险的方式仍被质疑，因为目前针对遗传病的治疗还没有取得突破性的进展。基因检测天赋、基因算命这些不靠谱的智商税生意依然在一些区域大行其道。此外，基因检测还容易被认为会带来基因歧视。基因到底是个人的隐私，还是应该匿名后公开，这一点仍是生命伦理所讨论的问题。同时，虽然不可控的基因操作方式，如杂交和嫁接技术已经使用了千年，但在一些人看来，任何可控的、人为的基因操作方式都是违背自然规律的，因此基因工程技术尚未被大众普遍接受。不得不承认，基因科技的普及，还有相当长的一段路要走。

基因决定一切？并非如此

基因影响着我们的过去和未来，并不意味着我们赞同基因决定论，事实上，环境发挥着同样重要的作用，后天的影响同样会带来复杂的后果。基因组和环境都在动态变化中，二者对人的思想和行为的塑造也是动态的。或许这就是生命面临的选择和真相——变化是永恒的，不变只是暂时的。

达尔文的表弟弗朗西斯·高尔顿（Francis Galton）提出人种优化论（即臭名昭著的"优生论"），而奥尔德斯·莱奥纳德·赫胥黎（Aldous Leonard Huxley）用《美丽新世界》谴责了忽略人的遗传多样性而只用统一的后天方式塑造人的行为和思想的社会是多么荒诞与恐怖。近代，一些欧美发达国家曾经一度禁止心智不全的人生育后代，这无疑是人类文明的一段黑暗历史。极端的基因理论罔顾人的主动性，令人只能毫无选择地承受被动的安排。

事实上，在基因面前，人也并非毫无招架之力。我们的性格与思想会受到基因影响，但并非全然由基因左右。从某种程度上来说，我们的意志基本是自由的。从基因上来看，每个人都是独一无二的，从思想上来说也是如此。

但自诩拥有自由意志和最高智能的人类，却让这个星球的其他生命愈发不自由。我们改造环境，为满足物质生存和精神享受创造客观条件，却很少顾及其他生命的地球居住权。翻开人类历史，虽然我们对欧洲人攻占美洲，造成原住民大量死亡的那段故事已经回归到了理性思考，可实际上，人类每时每刻都在对其他物种重复着这样的事：为了拓展居住和耕种领地，甚至为了贩卖自然资源，我们大肆砍伐森林、捕杀动物、填湖填海，认为原本有着丰富的生物多样性的地球，只有人类一个主人。自然的报复来得同样猛烈，每隔一段时间，传染病便出现一次大爆发，仿佛生态被破坏的地球在程序自检，试图清理运行错误的数据。

是时候重读人类历史，思考生命的本质与意义，重新审视我们和其他生命、地球生态系统的关系了。让我们少一点骄矜，多一些谦卑；少一点破坏，多一些和谐。地球不属于人类，所有生命都只是住客。说到底，让我们引以为傲的独特人体也不过是由DNA和RNA编程设计的生态系统而已。

Chapter 3

繁衍，
种群延续靠基因

所有物种的基因，都有无限复制和扩张的
欲望。可以说生命的每一代，其个体的作
用就是为了延续下一代。

代际的不断更迭，推动着人类科技的进步；上一代感觉新一代"不听话"，实际上包含着基因的传承。

世间万物的生存法则

所有物种的基因，都有无限复制和扩张的欲望。从这一角度理解，可以说生命的每一代，其个体的作用就是为了延续下一代。

我们所说的永生，不是指一个个体要一直存活下去，而是说一个种群的永久存续。归根结底，包括人类在内的所有物种，都是以种群的方式得以长久地在地球上生存。

种群繁衍通常会有两类选择，一种叫 r- 选择，一种叫 K- 选择（r 表示 rate，意思是速率；K 是德语单词 Kapazitätsgrenze 的缩写，意思是容量限制）。

r-K选择

r-选择 （r 代表速率）	K-选择 （K 代表容量限制）
其种群密度很不稳定，通常出生率高、寿命短、个体小，缺乏后代保护机制，子代死亡率高，有较强的扩散能力，适应于多变的栖息生境。	其种群密度比较稳定，通常出生率低、寿命长、个体大，多具有较完善的后代保护机制，子代死亡率低，多不具有较强的扩散能力，适应于稳定的栖息生境。

r-K选择

r-选择的种群密度很不稳定，通常出生率高、寿命短、个体小，缺乏后代保护机制，子代死亡率高，有较强的扩散能力，适应于多变的栖息生境。在大海中的生物，很多都采用这种"多生孩子好打架"的方式。比如鱼类，产卵的数量可以成千上万甚至更多（鲫鱼一次产卵10万～30万粒），最后能活下来的可能只有几十条，虽然产卵死亡率高，但种群整体稳定，可以适应于大海、河流等多变的栖息生境。

另外一种是K-选择，种群密度比较稳定，通常出生率低、寿命较长、个体较大，具有比较完善的后代保护机制，子代死亡率低，多不具有较强的扩散能力，适应于稳定的栖息生境。K-选择下，种群个体会尽可能地少生后代，但是优生优育。

比如鸟类和哺乳动物，绝大部分只繁衍较少的后代，并且在后代出生后精心抚养。北美的信天翁，每次生育只下一个蛋，它们会很好地去呵护这唯一的后代，来保证在后代受精卵比较少的情况下，出生的蛋大概率能够被成功孵育。

人类繁衍的历程，经历过r-选择和K-选择，如今正处于r-K选择的摇摆阶段。

在人类为繁衍问题苦恼的过程中，关于"人造子宫"的研究也层出不穷。2021年4月，以色列魏茨曼科学研究所称其利用"人造子宫"，已成功培育出数百只小鼠，且小鼠所有器官发育指标都正常。此外，更令男性"惊悚"的是2022年3月的一项研究，上海交通大学的研究团队实现了哺乳动物（小鼠）的"孤雌生殖"，大概意思就是卵子不需要正常受精就可以发展成正常的个体。

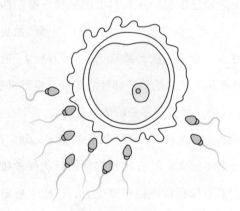

人类的卵子与精子示意图

从这些研究来看，以后人类还需不需要用自己的子宫来繁衍后代？雄性的地位是否也开始岌岌可危？这些问题的答案，或许只有在不远的未来，才能够一窥究竟。

人类的代码中有爱

"父母之爱子，则为之计深远。"然而父母对孩子的爱并不一定出自本能。古今中外，不爱自己的孩子，不尽抚养义务，甚至为自己的利益牺牲子女生命的父母并不少见。

我们只能猜测，人类天然对与自己有血缘关系的人比较亲近，但这更大程度上是社会性决定的。就比如很多人也非常疼爱自己收养的孩子，虽然他们之间没有血缘关系，没有基因的传递。

自然界中，也有很多动物父母为孩子牺牲自己的情况。北极熊母熊在生育之后，时刻守卫着熊崽，在长达三四个月的哺乳期内不吃不喝，完全依靠自身贮藏的营养维持生命，同时还要哺乳幼崽。帝企鹅的繁殖方式更加精密而复杂，雌企鹅产卵之后，把孵蛋的重任交给雄企鹅，雄企鹅把蛋藏在自己身下，同样不吃不喝两个月，直到小企鹅顺利孵化出来，再与觅食归来的雌企鹅"精准交接"。这种上一代对下一代的付出，究竟是刻在基因中的动物本能，还是出于和人类一样的社会性感情，我们无从得知。

　　虽然说，基因的利他性不易证伪，但我相信人类的代码中有爱。不仅仅是对下一代的付出、对下一代的爱，也包括为国家、为民族、为人类、为大义的献身。

Chapter 4

大脑，
真有自由意识吗

———

宇宙起源、生命起源和意识起源是当今科
学还无法解释的三大问题。随着生命科学
的发展，人类起源有了越来越多的证据，
意识起源也在脑科学和神经科学的不断研
究中有了新的发现与可能。

宇宙起源、生命起源和意识起源是当今科学还无法解释的三大问题。随着生命科学的发展，人类起源有了越来越多的证据，意识起源也在脑科学和神经科学的不断研究中有了新的发现与可能。

DNA追溯人类的脚步

　　关于人类起源一直存在多种假说和争论，考古学家在东非大裂谷发现的一具人类化石——被命名为"露西（Lucy）"，距今约320万年，在"阿尔迪"被发掘出来之前，"露西"一直被视为"人类最早的祖先"。这为"人类非洲起源说"这一当下的主流学说，提供了强有力的证据。

　　人类演化大体可以分为四个阶段：南方古猿、能人、直立人和智人。曾有研究表明，这四个时期的人类祖先都在非

阿法南方古猿骨架复制品
（亚的斯亚贝巴国家博物馆，
埃塞俄比亚）

洲孕育，而从直立人时期以来，古人类至少有三次大规模的迁徙，走出了非洲。随着古人类遗迹在亚洲的不断发现，逐渐有了"非洲是现代人类之源，亚洲是现代人类之汇"的说法。

2021年，研究人员在哈尔滨发现了新种古人类——龙人，大约距今15万年至30万年之间，当时东亚直立人已经走向衰微，智人尚未出现。截至本书成稿之时，科学家、考古学家还对这一发现存有争议，DNA测序也还没能给出实在证据。然而，如果一旦确定龙人是与智人完全不同的古人类，那么这一发现将打破"非洲起源学说"，而更加证实了"多地起源说"。

鉴定古人类的一般流程是：第一步，考古学家综合形态学特征、碳-14断代法等，给出宏观的鉴定结论；第二步，研究人员通过微创手段，从骨头上提取出未降解的DNA，进行全基因组测序，继而通过基因测序给出合理的时间推断。

在智人时期，与其并列的人种分支还有尼安德特人、丹尼索瓦人等。过去，考古学家主要通过表型特征来推断是不是新人种，比如发现丹尼索瓦人时，主要是对比其头盖骨与智人的特征差异，判断这是另一个人种的分支。后来，全基因组测序分析技术也为古人类人种的判定增加了新的分子层面的直观且清晰的证据——尼安德特人和丹尼索瓦人是与现代智人不同的两个人种分支。

古人类化石是可以做基因检测的，但是现在的技术能帮助追溯的最久远的DNA在百万年左右。一般方法是从牙齿或听小骨内提取DNA，因为牙齿外有一层坚硬牙釉质能够保护牙齿内的DNA，相对来说不容易完全降解或被外界环境所污染。此外，如果没有骨头，现在还可直接尝试从环境沉积物中提取DNA[1]。可见，古人类研究的难点不在于测序，而在于能否找到并提取到DNA来进行测序。此外，测序还要求DNA片段不能太小，这是因为，太少量的DNA覆盖度并不全面，只有测量了一定量的DNA（至少达到纳克级），才能够从整个基因组层面给出比较合理的推断。

古人类溯源研究中，脑容量也是一个重要标准。据推测，700万年前人类开始从猿类分化出来，脑容量逐步开始出现不同。300万年前的露西女士脑容量仅有100多毫升，经过能人、直立人，到智人时脑容量已经发展到1400毫升左右。从器质

1　2017年德国马普演化人类学研究所于4月28日在《科学》（*Science*）杂志上刊登了这一研究。

上讲，其智能基础已经达到了现代人的同等水平，是现代人类的近亲。

而据目前的研究推测，龙人的脑容量达到了1420毫升，接近于智人。因此，目前存在的争议是，究竟龙人是智人的一个分支，还是与智人并列的新人种，这都有待更多的证据来支持。

物质基础的更新与意识的关系

意识起源是尚未解决的三大起源问题之一。人究竟有没有自由意志？在哲学上，自由意志被解释为意识选择做什么的决定，就是意志的主动性。

自由意志如果不存在，那么就可以假定我们当今世界所有的一切都是被更高层次的力量设计出来的，人的思想也是有边界的，因为我们没有自由意志。所以意识起源的核心问题就是：意识到底是不是自由的？意识是否被这种物性所束缚？人的想法是不是无限的，是不是无限可能的？还是说我们只是高级AI，只是有着更高层次意识的生物，便狂妄到自觉无所不能了？

在哲学上有一个故事叫"忒修斯之船"，就是当人不断地修理一艘船，不停地更换船上的每一块木板，到最后一块木

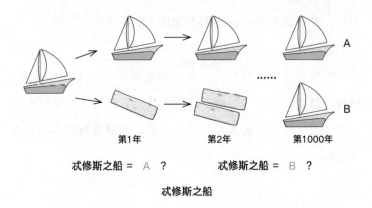

第1年　　　　　　第2年　　　　　第1000年

忒修斯之船 = A ？　　　忒修斯之船 = B ？

忒修斯之船

板更换完毕的时候，它还是不是原来的船呢？

这个问题在哲学上没有答案。但是从生命科学的角度来讲，人体几乎所有的细胞每7年就会全部更换一次，而中枢神经系统则不会轻易大范围地改变。

人体一共有40万亿~60万亿个细胞，我们需要通过细胞的新陈代谢活动提供能量，在这个过程中，不断有细胞衰亡，也不断有新的细胞出现。从细胞结构和功能方面来说，新细胞与衰亡的细胞是一样的，因此并不会对人体有大的影响。因此，细胞的正常代谢，不会让你变成一个不同的人。

对人来讲，所有的细胞7年就换一遍。其实这一广泛传播的观点，最初源自2005年著名的《细胞》(*Cell*)杂志上的一篇报道，该项研究的领导者乔纳斯·弗里森(Jonas Frisén)来自瑞典最富盛誉的卡罗林斯卡学院，他和团队成员一道，基于碳测年法，推算出"人类平均7~10年就换一遍所有的细胞"这一重要结论。

当然，此处说的7～10年，只是一个平均的概念。事实上，由于细胞种类的不同，各个细胞年限长短差异较大。正如报道中所述，上皮细胞平均5天一换，而肠道中的非上皮细胞平均15.9天才换一轮。至于构成神经元和其他脑物质的细胞，几乎与人相伴终生，一直都在。而其他我们常提起的细胞更新周期，如红细胞，约为70～120天；白细胞，约为1年多；结肠细胞大约是4天；皮肤细胞大概是2～3周。我们的精子细胞呢？大概就3天。此外，细胞的更替其实是循序渐进的，并不会在同一时间内全部换掉。

当然，不同的科学家会有不同的估计值，但大体说来，都一致认为细胞代谢的确有一个周期，只是所有细胞并非都按照同一个周期来更新。如，还有科学家估计出味蕾上的味觉细胞10～14天更新一次，胃黏膜上皮细胞的更新周期是6天，肠黏膜细胞的更新周期只需3天……一些更换周期很长的细胞，比如心肌细胞，就被瑞典科学家于2009年证明其每年以1%的比例更新，且年龄越大更新越少。

必须强调的是，以上只是部分细胞的新陈代谢周期，而且多为估算值，没那么精确。毕竟，人体的细胞种类太多，每种种类的细胞数量也很大，情况复杂。比如，同一器官不同位置的细胞寿命不同，个人健康状况不同，细胞更新速度也肯定会有所不同。真实的情况远比这复杂得多。

此外，作者同样认为有的大脑细胞是从不更新的，比如中枢神经细胞，自人出生之日就已设定好，无法增加也无法更新，上了年纪之后中枢神经细胞还会减少。中枢神经细胞的不变，也正是我们的记忆能长久不变的原因。

中枢神经系统具有拓扑结构。因为我们的记忆、认知都是通过神经元连接而建立的，这种连接需要相对固定。比如，我和你是朋友，我能认识你的原因在于我拥有几个决定记忆的突触连接记住了你是"你"。如果这些神经元换了，我就不知道你是谁了。这是人认知自己与周围世界一个非常关键的原因，它决定了你的认知，决定了你的记忆。所以忒修斯之船对人类来讲，到最后就只有一个关键问题：什么是不换的？

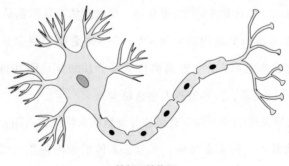

神经元结构图

在成年之后的健康状态下，人类中枢神经系统中重要的拓扑结构，其神经元的连接几乎没有变，如果它变了，我们在脑科学和神经生物学上就可能开始产生一些认知冲突，甚至变成另外一个人。阿尔茨海默病造成的病理状态，其成因之一就是神经元拓扑结构的混乱。

当今，很多科学家都致力于研究"一黑两暗三起源"，"一黑"是指黑洞，"两暗"是指暗物质、暗能量，这三个基本上都是属于天体物理范畴。"三起源"是指宇宙起源、生命起源和意识起源。其中的意识起源最为重要，也决定了人类能否进一步认知其他起源。意识产生的物质基础主要来源于中枢神经系统。我们人之所以为人，关键就在于拥有智能的大脑。

哺乳动物发展到了高等阶段，即灵长目以后，它们的前额皮质会大量地分化。猴脑大约有60亿个神经元，而人脑则有860亿个神经元，神经元数量级的差异即是"人猿相揖别"的重要分野。大脑正如人类的"计算机"，是吃几个馒头就能够运作的"功率仅仅为40瓦的超级计算机"。我们的语言、行为、思想，都要靠自己的"计算机"来实现。目前，随着对整个脑区研究的愈发深入，人类逐步认知了越发复杂和精细的功能，比如海马体、小脑、脑干……海马体关联长时记忆，小脑掌握平衡，而脑干维持基本生理功能，只有脑干正常工作时，人才能正常心跳、呼吸、消化，才能有一些自觉的适应反应。基本上，在生物演化的过程中，我们能够看到神经系统是一步一步由简单到复杂而升级的，仅仅是人类的大脑，就已经沉淀了至少从鱼类开始的很多演化的痕迹。

人类意识能够被调控吗？

爱因斯坦已经证明，物质与能量不可分，意识与物质同样如此。没有脱离物质基础的心理活动，任何想法都需要消耗能量。从这个意义上就能理解，为什么心理学是一个偏理科的学科。临床对心理活动的物质基础的研究，或许能够极大地推动心理和精神疾病的治疗。

有研究发现，正念修行或冥想可以改变基因表达。具体来说，人体至少有三个十分精密的系统。第一个是神经系统，从大脑、脊髓到周围神经系统。神经系统很大程度需要依靠神经递质的调节，这个过程就会牵扯到内分泌系统。内分泌系统是除神经系统外另一个重要的机能调节系统。除了这两个之外，还有一个免疫系统，三者是交相呼应的关系。而最近美国顶尖学术杂志《美国科学院院报》（PNAS）上的一篇文章指出，正念冥想能够大面积激活免疫反应。简单来说，就是冥想能帮助人体免疫力提高，有益于人保持在健康的状态。这种免疫系统的改变，也会促进内分泌系统和神经系统的正向调节。这篇文章也就呼应了我在一次演讲中提出的观点：意识活动会消耗物质，这种物质消耗背后的精密调控就可以通过基因产生千丝万缕的变化。正念修行和冥想正是在锻炼我们的脑力。一旦脑力增强，情绪的自控力、抗压能力、抗抑郁能力都会改变，各种激素也因此能维持在稳定平衡状态，我们生理上的不适就会得到改善。因此，接触正能量，学会达观十分重要。

总结来说，在生物从单细胞到多细胞的演化过程中，出现细胞分工；为了调动细胞分工，出现了神经系统；神经系统的进一步演化，产生了中枢神经系统；中枢神经系统的进一步发展，就涌现了当今人类的智慧和智能。而这个过程伴随着认知与情感，其中最美好的，我们称之为"爱"。爱是什么？从生物学讲，我只能解释为：爱是我们的神经细胞、神经元通过连接，消耗能量，所产生的一组脑电波、一种意识活动，往往给人带来愉悦的感受。但爱是否证明了人类基因的利他性？这个问题无从回答。爱或许代表着人性的一部分，这种共情的敏感度影响着我们看待世界的方式。心中有爱，会发现这个世界更加美好。即使自由意识永远无法证实，我依然愿意相信它始终存在。

Chapter 5

性别，
原来是一种博弈

———

对于人类而言，两性在不同的历史时期，是有深刻的历史和社会属性的，但是当我们跨越时空统观自然与社会的发展，就会发现两性在不断的相互博弈和选择之中。

世上本无性，基因自扰之。生命科学意义上关于性的问题，都是基因本自私的问题。低等生物时期，生命没有雌雄之分。细菌基本的增殖方式是自体分裂，大多数的真菌则是通过出芽或孢子生殖来进行繁衍。这些都属于无性生殖方式，其本体自然也没有性别之分。同时，性别也远远不止雌雄两种，有些真菌的性别竟然可以多达数千种，和我们人类常规理解的性别大相径庭，但究其本质还是为了基因传递。

随着外界环境愈加复杂，生物也在不断演化，它们不再只依靠自然突变来改变性状。于是，一些生物从无性生殖转变为有性生殖，性别也就随之产生。有性生殖让不同的基因高效组合，快速丰富基因型的多样性，从而使生物更好地适应环境。

高等动物的性别主要由性染色体差异所决定，没有性染色体的则由性别决定基因调节。全部哺乳动物，大部分爬行类、两栖类动物以及雌雄异株的植物都属于XY型性别决定。正常情况下，体细胞包含XY染色体的为雄性，包含XX染色体的为雌性。此外比较常见的还有ZW型性别决定，雄性个体具有两个相同的性染色体类型ZZ，雌性的性染色体组为ZW。鸟类、鳞翅目昆虫、某些两栖类及爬行类动物的性别决定属于这一类型。

没有性染色体的物种，其性别还会变。不同生物，性别决定的方式也不尽相同，环境温度、染色体倍数等也会决定一些生物的性别。大多数龟类无性染色体，其性别取决于孵化时的温度。如乌龟卵在稍低温度或中等温度条件下孵出的个体多为雄性，在稍高温度时孵出的个体多为雌性。蜜蜂的性别由细胞中的染色体倍数决定。雄蜂由未受精的卵发育而成，为单倍体。雌蜂由受精卵发育而来，是二倍体。

前文已经提到，这个地球上远不止两种性别。甚至很多看似低等的物种，其性别种类比人类想象的要疯狂得多。

美国加州莫诺湖的盐度是海洋的三倍，砷元素含量高，生态环境并不利于生物存活。但在这里，生存着一种 *Auanema sp.* 线虫，这种线虫有雄性、雌性、双性三种性别。这种线虫在发育成熟后，早期繁殖只生产雄性和雌性后代，但随着年龄的增长，它们会生出雌雄同体的后代。在恶劣的环境条件下，雌雄同体的后代拥有强大的适应能力，能够进行自身繁殖，建立新的种群，保证基因的延续。

在生物世界里，生存的核心意义就是基因的传递，性是基因传递的核心要素之一。那么，人类关于性别与两性生殖的讨论，又是否存在特殊性呢？

　　基因不断想自我复制的机制，决定了很多物种都不是一夫一妻制——女性希望自己有更多的伴侣来为下一代寻找更好的基因，男性则希望自己的基因广泛传播。但人类有社会性，大多数国家法律规定了一夫一妻制。其实，天然一夫一妻制的物种非常少，长臂猿、灰狼，还有某些鸟类，比如天鹅，都属于这一范畴。这是因为，这些物种繁殖率低，种群密度稳定，发情期找个同伴很难。所以要保证基因稳定传递，一夫一妻对于它们来说是更好的繁衍方式。

天鹅属于"一夫一妻"的范畴

　　人类与其他物种的不同，在于人有社会性选择，而不是生物性选择。一万年前人类存在母系氏族公社，是因为石器时代，男人负责打猎，而女人则负责采集活动、哺育孩子、分配食物、照顾老人等，因此一个群体主要是靠女性来维系的，女性也就占据主导地位。而之后的农耕社会则相反，人们固定在土地上，耕地面积的多寡决定了家族势力的强弱，男性的力量在生物基础上比女性要强，因此男性占据主导，也就更容易出现男尊女卑的现象。

在自然生育过程中，下一代的性别决定是随机的。基因和环境因素共同影响着男性与女性的比例。当自然条件下的性别比例失衡，就会有人为因素干预来使其回归平衡，这就走进了社会学的范畴。

从生物学角度来看，我们还是希望从经典意义上，女性更像女性，男性更像男性，而不是男性女性化，女性男性化。

每一个人，无论男女，都同时拥有雄激素和雌激素，只是每个人天然的导向不同。然而，某种程度上讲，当人类有了足够的安全感以后，就会出现生物上的"泛雌化"，这一现象也存在于很多其他物种。

曾有一项实验，实验者给小老鼠提供最充足的食物、最适宜它们生存的条件，来观察其繁殖和生长情况，结果却出人意料——最后这群小老鼠停止了繁殖，在足够好的条件下，这群老鼠没有按照研究人员的预想将生活空间拓展到最大，反而出现了离群索居甚至性冷淡的现象，乃至于停止繁衍，最后群体灭亡。所以我们进一步看，这可能是个隐喻，让人不禁思考，人类是否真的会无穷地繁衍下去？

比如，从人口学的角度看，日本"二战"重建后经济发达、生活富足，社会逐渐少子化，同时伴有老龄化，以致发展到今天日本的出生率不到千分之七（非洲各国该数据约为日本的 3~5 倍），所以日本人口总量在逐步地下降。长久以来，欧盟也面临人口问题。截至 2022 年初，欧盟总人口已连续两年下降，相对于 2020 年初减少了 65.6 万人。很多发达国家、新兴国家包括中国在内，也要警惕这个趋势。

除了生物学，很多领域都注重研究性别和繁衍问题，这是事关人类未来发展的核心问题，当今人类在这个世纪所面临的挑战，也都是我们未曾面临过的。所以，对于人类而言，两性在不同的历史时期，是有深刻的历史和社会属性的，但是当我们跨越时空统观自然与社会的发展，就会发现两性在不断的相互博弈和选择之中。

Chapter 6

搞笑，
神奇基因段子多

毋庸置疑，基因可以决定很多事，但是我们不能陷于"基因决定论"。除了基因，后天的生活习惯与生活环境对一个人的影响也至关重要。

人生来就携带着遗传信息，基因的表达在一定程度上决定着我们的外貌、性格和健康状况。这一章，我们通过人体中一些有趣的基因，来了解基因决定的那些事。

酒逢知己千杯少，酒量还需看基因

"何以解忧，唯有杜康。"

"人生得意须尽欢，莫使金樽空对月。"

自古以来，饮酒似乎是我们表达情绪的重要方式之一。随着当代医学的发展，人们逐渐了解到过量饮酒对健康的危害，而对于酒量大小不同的人来说，"过量饮酒"的标准和程度也差别很大——酒量的大小很大程度上是靠基因来决定的。

首先，我们要了解酒精在进入人体后会发生怎样的变化。酒精进入消化道，由消化道进入血液，除了少部分会通过尿液和呼吸排出体外，大部分会靠肝脏进行代谢。酒精代谢的速度关乎着一个人的酒量大小。

早有研究发现了两种酶与酒量有关，分别是乙醇脱氢酶和乙醛脱氢酶。乙醇脱氢酶与酒精分子反应，把酒精分子的两个氢原子脱去，从而把乙醇变成乙醛；乙醛遇到了乙醛脱氢酶，再次被脱去两个氢原子，转化为乙酸，最终分解为二氧化碳和水，通过排泄和呼吸排出体外。

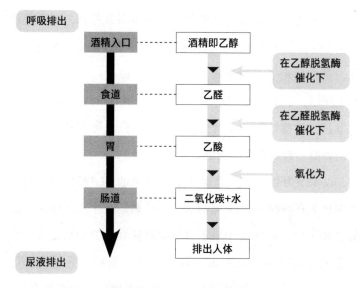

酒精通过乙醇脱氢酶和乙醛脱氢酶代谢的过程

因此，体内具有这两种酶的人，能够较快地分解酒精。大多数人体内多少都有点乙醇脱氢酶，但乙醛脱氢酶差异就比较大了，天然缺乏这种酶的人会导致乙醛不能完全分解，其持续作用于中枢神经，从而出现脸红、恶心、呕吐、昏睡等醉酒状态。

但这两种酶的作用只能解释85%的情况，也有些例外无法解释。

2020年，英国利物浦大学的一项研究，进一步揭示了酒量与基因位点的关联性。这项研究的数据样本来自英国生物银行（UK Biobank）和GERA数据库，通过对欧洲血统人群的数据集进行全基因组荟萃分析，即多因素分析，并且进行SNP（单核苷酸多态性）水平测定和样本中高酒量表型的关联性，最终确定了与酒量相关的6个基因位点：ADH1B、KLB、BTF3P13、GCKR、SLC39A8和DRD2。其中BTF3P13为假阳性基因，被排除在外。其余的几个基因位点可以和前文提到的两种酶一起解释人类的酒量问题。

以KLB为例，有实验敲除了小白鼠的KLB基因，其酒量有明显上升。这是因为该基因表达的产物是一种名为β-Klotho的受体蛋白，能够反作用于酒精或高糖食物的持续摄入，因此敲除了KLB基因的小鼠能够持续摄入酒精。另一个基因DRD2——编码多巴胺受体D2，与奖赏回路的功能激活有关，简单来说，它控制着"酒精成瘾"的风险。DRD2基因的"失效"可能会增加对酒精的依赖。而剩下的几个基因则是和酒精的代谢有关。

总的来说，酒量大小的决定因素很复杂，除了乙醇脱氢酶通路，还有一众其他基因位点调控的参与。俗话说"酒逢知己千杯少"，但酒量多少还得看先天基因，大家可不要过度贪杯啊！

香菜恐惧症

每年 2 月 24 日，有一个民间发起的"世界讨厌香菜日"。

为什么有些人不吃香菜？香菜是植物界神奇的存在，它让人类掀起了好几个世纪的口水大战。"恨香菜帮"觉得它是凉菜"毁灭者"、豆腐脑"专业黑"、肉食"破坏王"，举起"美食加香菜等于go die"的战旗。而"爱香菜派"觉得它是女人的"美容院"，男人的"加油站"——香菜涮锅、香菜泡面、香菜温泉，吹响"无香菜不美食"的号角。

不爱吃香菜的原因可能写在了基因里

其实，是否爱吃香菜的原因可能写在了每个人的基因里。全球有15% 的人患有"香菜恐惧症"，其中欧亚人不喜欢香菜的比例高达 21%。科学家发现，在 11 号染色体上有一个基因，名叫 OR6A2。这个基因在漫长的演化岁月中，在代号为

RS72921001的位点上产生了两种可能性——A和C，又因为人的基因是成对组合的，于是就会有AA、AC和CC这几种排列组合方式。拥有AA和AC这两种排列方式的人对某个特定的嗅觉受体没那么敏感，而CC组合的人则对嗅觉受体十分敏锐。香菜叶子中的主要化合物是醛类，它闻起来的味道确实有点像肥皂或是臭虫，于是嗅觉极其敏感的人自然容易觉得香菜有股强烈的臭虫味儿了。

因此，不要再责怪"不吃香菜"的人了，真正"挑食"的可能是他们的基因。

高原基因助力登顶珠峰

可以说，中国具备了全世界最好的高原医学研究对象和研究基础。从地理上看，我们有海拔1000多米的黄土高原，有海拔2000多米的兰州地区，有海拔2000多米的西宁，也有海拔4000多米的青藏高原，甚至有人能够生活在海拔5000多米的高原。这是怎么做到的呢？为什么藏族同胞的高原反应要比汉族同胞小很多呢？

为了破解藏族人群高原适应的分子机制之谜，科学家们可是费尽心思。研究团队对比了藏族同胞和汉族同胞基因的不同，通过外显子测序找到了一个名为*EPAS1*的基因（我们根据发音，为它起了一个花名——"易爬山"基因），它能够决定血氧饱和度。如果一个人的 *EPAS1* 功能性状强，则他的高原吸附能力就会比较强，在藏羚羊等高原动物身上，也找到了类似的机制。

即使没有高原基因，人在高原缺氧时，身体也会产生一系列变化来适应极端环境。其实，早在2005年，华大联合中科院成立了高原医学组，主要研究在极端条件下基因的适应和调整。2010年，华大基因董事长汪建曾攀登珠穆朗玛峰，当时就向研究团队提出，在爬山过程中，人体处于极限状态，包括体能、智力、氧气的耐受力等，那么人体是否会产生一些相关的自我保护反应呢？为了研究这一问题，在登峰团队回到5000米海拔时，研究团队采集了队员们的血液样品。

从这次的血液样品中，通过分析基因响应极端海拔高度的动态变化，研究人员发现了一套有趣的分子网络，其中主要有7个功能模块。这7个模块可以合作调节人的生理反应。比如红细胞分化模块，可以通过一系列的激励来刺激人体，让身体更多地造出红细胞，来补偿高原缺氧时对红细胞的需要（红细胞负责运送氧气）。还有一些模块，可以在高原上帮助人体自动增强一些基因的表达（基因没有变，只是基因的表达增强），来刺激身体产生更多的血红蛋白——红细胞与血红蛋白配合，以运输更多的氧气。可见，人体的调控十分精准，其精密和复杂程度远超过人类目前造出的所有机械。

不得不说，在高原研究方面，我们知之甚少，要想更为深入地去进行理解，还有很长的路要走。可喜的是，已有多个团队专注于此项研究并取得了诸多成果，希望在不远的未来，能取得更大的突破。

"吃不胖"的秘密藏在基因里

英国科研人员在知名杂志《公共科学图书馆·遗传学》（*PloS Genetics*）发表的一篇文章表明，持续体瘦和极端肥胖一样可能是由基因决定的。这次实验选择了1622名BMI指数（身体质量指数，用于衡量人体胖瘦程度和健康程度）小于18的体瘦人群，1985名严重肥胖的人群，和10433名正常体重人群，通过一系列科学方法检验这三种群体的DNA，发现人体的胖瘦受到多种基因的共同调节。

分类	BMI范围
偏瘦	<= 18.4
正常	18.5~23.9
过重	24.0~27.9
肥胖	>= 28.0

BMI中国标准

在1622名体瘦人群中，有74%的人有持续体瘦的家族史，因此推测他们已经被赋予了由基因驱动的体瘦。这与早发性肥胖的情况一样，说明持续体瘦也是一种多基因调控的可遗传的性状。

这一发现从体瘦角度为胖瘦的遗传表征提供了新思路，也可能为治疗肥胖提供新的靶标，具有巨大的应用价值。大家都知道，近年来全球肥胖流行率大幅上升，从1975年到2016年增长了近三倍。《中国居民膳食指南（2022）》显示，超重肥胖及慢性病问题日趋严重：目前我国成年居民超重或肥胖人数已经超过一半（50.7%）；6岁以下和6～17岁群体的超重肥胖率分别达到10.4%和19.0%；18岁及以上居民的超重率和肥胖率分别为34.3%和16.4%。肥胖亦是全世界发病率和死亡率高的主要因素之一，它与健康紧密相连。

不过，归根结底，人体的胖瘦是基因、肠道菌群、运动与饮食习惯、环境等多方面因素相互作用共同决定的。因而，与其一再埋怨天生没有好的基因，倒不如调理好饮食，适度运动，规律作息，保持良好的体型和状态，为长久的健康保驾护航。

睡得少，精神好：短睡眠基因

生活中，有些人怎么睡都睡不醒，而有些人似乎天生就睡得少且白天精神也很好，还有一些人则饱受失眠的困扰。有科学研究发现，睡眠时间长短也与基因相关。

2009年，《科学》（Science）杂志发表的一篇文章称，研究者发现了第一个短睡眠基因。在此之前，人们几乎没有从遗传学角度来分析机体睡眠时间的长短。当时，科学家发现一对母女每天4点钟就起床，睡眠时长只有6小时左右，即使长期如此她们还能保持白天精力充沛。研究人员在这对母女的12号染色体上发现了基因突变，即DEC2基因。研究者把该突变基因转移到小白鼠和果蝇体内，发现小白鼠和果蝇的睡眠时间也缩短了。这项研究证明，存在天生的短睡眠者，携带DEC2突变基因的个体比不携带该突变的个体正常睡眠时间缩短了1~2个小时（这里的短睡眠是指睡眠时间短且白天精力旺盛的情况，失眠不考虑在内）。

然而，DEC2基因并不能解释所有短睡眠个体的情况。经过10年的研究，在2019年，一篇发表在脑科学权威杂志《神经元》（Neuron）上的论文揭示了第二个短睡眠基因ADRB1。ADRB1基因与编码蛋白和肾上腺素的信号有关。在脑干位置有一片区域叫"背侧脑桥"，负责调节睡眠，而ADRB1基因会在这一区域高度表达。研究人员利用光遗传学技术，诱发脑桥神经元刺激ADRB1基因的表达，从而使熟睡的小鼠瞬间清醒。相关的研究表明，ADRB1突变会促进短睡眠，能够帮助唤醒大脑并保持更长时间的清醒，而且不会给个体健康带来任何不良影响。

看来，睡眠长短确实会受基因的影响，短睡眠基因的不断探索，也给睡眠与人体健康的关联研究带来启发。

熬夜加班也要"持证上岗"：猝死基因

近年来，猝死高发于年轻群体。不良的生活习惯，或是高强度的工作导致了生命悲剧的频发。但其实，导致猝死的原因也有一部分写在了我们的基因里。

即使一个人看起来很健康，会进行日常锻炼，心肺功能、生理生化指标也完全正常，却仍有可能因为他存在着先天性的基因异常，而致使其更易受到诱发因素的影响，造成猝死的可能性也更大。从目前的猝死案例与数据来看，有50%～80%的案例属于心源性猝死，有25%的心源性猝死是基因缺陷导致的。

具体来说，只要有生物电，心肌便会不断跳动。心肌细胞膜两侧有钠钾离子泵，我们要尽力维持它的平衡性。而基因缺陷可能会使得在一个诱因出现之时，造成钠钾离子泵出现差错，就好比是人体突然一下子就完全"停电了"，导致心脏停止跳动。

连续熬夜、过度劳累、高负荷的运动、激烈的情绪变化等都是猝死的诱因，给猝死基因的携带者带来极大风险。

生命是一场长跑，短期的过度损耗是得不偿失的。珍惜生命，科学地面对自己的先天条件，形成规律的生活习惯，才能拥有幸福健康的人生。

人类离"长命百岁"还有多远？

简单来说，生命科学的研究就是让大家健康和长寿，长寿与否与先天性基因有关，我们能做些什么来"逆天改命"吗？

新中国成立以来，我国人均预期寿命从最初的不足35岁，增长到了2021年的78.2岁。"人生七十古来稀"，在古代，70岁自然已算是相当长寿了，但是对于今天的人来说，活到70岁并不算什么，可见我们对长寿的观念，也随着科学的进步、社会的变迁，一直在改变着。

如今，日本人的平均预期寿命大概是84岁，而日本关西地区的女性平均预期寿命已接近90岁。2017年，日本还成立了"人生百年时代构想促进室"，在他们看来，百岁人生不是梦。不难看到，很多日本老年朋友依然坚持工作，穿梭于大街小巷的很多出租车司机都是70岁以上的老先生。而中国香港地区人口平均预期寿命在新冠肺炎疫情暴发前已高达86岁。因而，在大数量的群体基础上来看，人们相较于以前的确是更为长寿了，且增长幅度惊人。

需要特别强调的是，人类平均寿命的延长，并非凭空得来的，而是有赖于多个因素。第一，抗生素的使用让人们极大地克制了各种各样的传染病和感染病，比如疫苗的发现让人们远离天花、脊髓灰质炎。第二，经济和生活条件的改善，物质的极大丰富，让人们可以通过饮食获得足够的营养，加上战争结束等因素，人类平均寿命得到了极大延长。然而，这些变化改善了营养不良，却也因不良生活习惯和恶劣环境带来了糖尿病、肿瘤等诸多新发疾病，这些疾病成了阻拦人均预期寿命进一步增长的主要障碍。如果能运用一些新的技术手段来应对各种疾病，特别是早防早治的理念能够更为普及，更加深入人心，那么，百岁人生将不是梦。

然而，个体长寿的极端表现其实是基因决定的。在基因不太差、生存环境也很好的情况下，一个人一生都坚持锻炼，活到大概八九十岁应该是没有问题的。但是基因遗传决定了寿命的上限，一个人如果想活到100多岁到底有没有可能呢？基因在这之中起到决定性的作用。意大利博洛尼亚大学的一项实验，对超过百岁的老人做了一个全基因组的研究，把这些老人的基因当作极端表型（阳性），同时选了另外一些平均年龄为68岁的健康人群当作实验背景，对这些人进行全基因组检测，发现了百岁以上的老人在基因上的特点。这项研究证明，DNA的修复能力对长寿有至关重要的作用，百岁以上的老人具有更强的DNA修复能力。一个105岁的老人，其兄弟姐妹也能活到105岁的概率是普通人的35倍。可见，遗传因素在极端表现上的贡献是很显著的，我们也称之为"家族聚集性"。

一般来说，哺乳动物的寿命极限应该是性成熟年龄的8 ~ 10倍，理论上人是可以活到120岁的，而吉尼斯世界纪录也显示，到目前已知的生理寿命极限是120岁左右，且接近这个记录的人越来越多。随着生活条件的改善和医疗水平的提高，现在很多人都能活到80岁或更长。相信，随着基因技术和生命科学的进一步发展，我们距离人类整体寿命延长到100岁的目标，必将越来越近。

暴力基因或许只是种族歧视的工具

此前有研究证明了，人体中确实存在暴力基因。但暴力基因并不一定会表达，因为环境也会反过来规训和制约人的行为。

有人把竞技运动称为"和平年代的战争"，从某种角度来看的确如此。其实，诸多的运动，如橄榄球、拳击等，本身就有很强的攻击性，蕴含着不少暴力因素。

不得不承认，暴力基因是存在的，但随着人类文明的进步，暴力越来越少，澳大利亚就是典型的例子。很多人都知道澳大利亚移民的故事。殖民地时期，在美国1776年开始的独立战争之前，英国每年会将1000余名罪犯流放到北美地区，然而独立战争后，英国的罪犯无处安置，国内监狱变得人满为患。1786年，英国政府决定将澳大利亚的新南威尔士辟为罪犯流放地。在1832年至1842年期间，共有7万人移民移居至新南威尔士，采矿业、畜牧业也随之发展，直到1900年成立澳大利亚联邦。按照优生学、暴力基因遗传的理论，送到澳大利亚的都是"盎格鲁-撒克逊的囚犯"，那么他们的后代继续为非作歹的概率会更大。

但事实却并非如此，若干年后，澳大利亚犯罪率下降，达到比美国还低的水平。也就是说，至少对人类而言，忽略文化、规则和制度等"文脉"的影响，只考虑基因这一点"血脉"是寸步难行的。

毋庸置疑，基因可以决定很多事，但是我们不能陷于"基因决定论"。除了基因，后天的生活习惯与生活环境对一个人的影响也至关重要。我一直坚持的观点是，人是"三脉合一"的产物，基因遗传是"血脉"，菌群传递是"菌脉"，社会文化传承是"文脉"，血脉、菌脉和文脉共同影响一个人的方方面面，不可偏激地用一个因素下定论。

Chapter 7

突变，
遗传疾病何时了

———

没有人的基因是完美的，实际上我们每个
人都是遗传病基因的携带者。

遗传病是由遗传物质发生改变而引起的，或是由致病基因所控制的。截至2022年8月26日，在线人类孟德尔遗传（OMIM）数据库中记录已被发现的遗传性疾病9722种，其中分子基础明确的有6458种，再其中常染色体遗传病6049种，性染色体连锁疾病375种，线粒体基因相关遗传病34种。

　　在人类历史上，受遗传病之苦者不计其数，一次小小的基因突变就能让一个新生命饱受病痛折磨。其实在我们身边，因基因突变所导致的遗传病、罕见病并不少见，除了我们熟知的血友病、渐冻症、卟啉病，还有"不食人间烟火"的苯丙酮尿症患者、脆弱的"瓷娃娃"——成骨不全患者、白皙又畏光的"月亮的孩子"——白化病患者……

　　从客观的角度来看，没有人的基因是完美的，实际上我们每个人都是遗传病基因的携带者。已有研究结果显示，平均每个人约携带有2.8个隐性单基因遗传病的致病变异。

　　而相较于显性遗传病，隐性遗传病则"潜伏"得更深。哪怕夫妻双方表面看来都非常正常，但只要都是同一种隐性遗传病的致病变异携带者，生下的孩子就可能罹患遗传重病。

一个典型的例子是"地中海贫血"。虽然叫"地中海贫血"，但这种病流行于全世界，主要集中于热带、亚热带地区。其症状也不仅仅是通常意义上的"贫血"，其中严重的是一种可累及全身甚至致残致死的遗传疾病。

在我国，福建、江西、湖南、广东、广西、海南、重庆、四川、贵州、云南、香港等长江以南地区是地中海贫血高发地，其中广西、广东、海南发病率最高。经过调查，目前中国地中海贫血基因携带者最多的省份是广西，携带率高达20%以上，而多个省份的部分少数民族聚集地区携带率甚至可以超过50%。

地中海贫血分布广泛，其流行地区往往跟疟疾流行的区域是相重合的。这是因为古代疟疾肆虐，而导致疟疾的疟原虫主要侵犯的是人类的红细胞。疟原虫在某些繁殖周期寄生于血红细胞内，而部分人由于基因突变，体内的红细胞非常脆弱、生命周期短、携氧能力不足，在疟原虫还没到成熟的时候，被感染的血红细胞选择提前破裂，疟原虫也会随着红细胞的破裂而消亡。某种意义上讲，这种基因的突变可以帮助抵抗疟疾，但同时也引发了地中海贫血。所以，这是一种自然选择的结果。

对于这种遗传疾病，我们束手无策了吗？

其实地中海贫血是一种可防、可控、可治的疾病。

地中海贫血是常染色体上的隐性遗传疾病，从遗传学的角度来看，它符合孟德尔的遗传规律。

举个例子，假设一对夫妇，如果只有一方携带地中海贫血基因，那么下一代是基因携带者（表型仍健康）的概率只有50%。如果夫妻双方都携带有同类型的地中海贫血基因，例如β地中海贫血，他们的孩子只有25%的概率是完全正常的基因，50%的概率是地中海贫血基因携带者（表型仍健康），25%的概率患上中间型或重型地中海贫血。

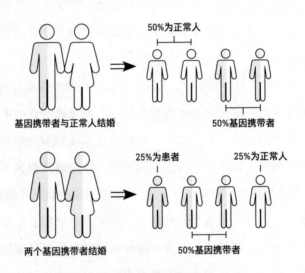

地中海贫血遗传模式图

（图片参考：《地中海贫血防治核心信息及知识要点宣传手册》）

由于地中海贫血基因携带者往往无贫血症状，所以即使父母健康无症状，也并不代表后代百分之百不会患地中海贫血疾病。因此，做好婚前、孕前及产前等阶段的地中海贫血检查十分重要，特别是在地中海贫血高发区的人，最好在妊娠前进行地中海贫血的基因携带者筛查，评估夫妇双方生育地中海贫血患儿的风险，必要时进行产前诊断，利用现代的科学技术，可以实现生育一个健康宝宝的愿望。以某市1000万人口为例，出生率按1%、重型地中海贫血发病率按0.02%计，每年进行地中海贫血基因检测可以有效预防20例重型地中海贫血患儿出生。

对于已出生的地中海贫血患者，须通过高量输血和去铁治疗来维持生长发育，输血量将随着患者年龄和体重的增加而逐渐增加，一生将面临高达数百万元的家庭经济负担。地中海贫血患者也可以根据造血干细胞配型情况选择通过造血干细胞移植手术得到治愈，手术费约为数十万元。近年来，地中海贫血的基因治疗取得极大突破，已有不少患者通过基因治疗得到了治愈，相比造血干细胞移植，其最大的优点在于无需供者且自体移植无排斥反应，未来值得期待。

对于地中海贫血的防治来说，预防的价值远大于治疗，防治结合，通过筛查控制重型或中间型患者的出生，利用现代科学技术对患者进行规范治疗直至治愈。

罕见病并不罕见

罕见病，顾名思义是指那些发病率极低的疾病，又称为"孤儿病"，其中80%是由遗传因素引起的。各国对罕见病的定义也有差异，美国把患病人数少于20万、发病率低于7.5/10000的疾病划分为罕见病；欧盟则用发病率小于5/10000作为区分罕见病的标准。2021年9月11日，《中国罕见病定义研究报告2021》中提出了"中国罕见病最新定义是新生儿发病率小于1/10000、患病率小于1/10000，患病人数小于14万的疾病"。虽然罕见病的单个病种数量少，但由于已知的罕见病种类超7000种，所以罕见病并不罕见，全球的罕见病群体高达3亿人，这个数字如果放在2022年的全球各国人口排名中，几乎和美国人口相当，可以排在全世界第三至第四位。罕见病的知识普及与病因研究，是当下亟待解决的问题。

■ 无痛症

对每个人来说，疼痛都是很不愉快的体验，所以医学家们才要研究出这么多的止痛片和麻醉剂。传说在战国时期，神医扁鹊在为病人实施手术前，给病人喝下药酒，让病人昏迷过去，以避开手术时的疼痛。

中国最早有正式记录的麻药是东汉时期华佗发明的麻沸

散。麻沸散也是草药熬成的口服麻醉药，据说主要成分可能是曼陀罗花。而古代的欧洲人没能发明出这样的麻醉药品，做手术时只得先把病人打晕才好实施手术，给病人造成一定的痛苦实难避免。直到发明了现代的麻醉剂，病人才算摆脱了外科手术时那刺透心扉的疼痛。

但是，世界上有极少数人，生来就没有痛觉。2018年曾有篇报道介绍了印度的一对姐弟，一个7岁，一个5岁。他们磕碰受伤时从不哭泣，父母也没有在意，还以为他们特别坚强。一次父母外出，这对姐弟独自在家，他们竟然把自己咬得满身鲜血。因为他们根本感觉不到疼痛，即使受了重伤也不当一回事。原来这对姐弟都是先天性无痛症患者，他们天生就不会感觉疼痛。

无痛症是一种罕见病，因为没有痛觉，不少幼年患者受了伤也不会及时哭闹提醒父母，有时还会自残取乐。所以不少无痛症患者在幼年时就因为受伤或感染早早离世。

还有少数的无痛症患者，除了没有痛觉，也不会流汗，这种疾病叫作"先天性无痛无汗症"，是无痛症的一种，但比普通的无痛症更可怕。这种病全世界只有30多例。患者皮肤毛孔闭塞，汗液不能排出体表，所以很容易体温过高，经常引起发烧。有的患者在婴儿时期就死于高烧，即使能活下来，一到夏天就只能待在空调房里，需要经常洗澡、排尿来降低体温。

无痛症在医学上叫遗传性感觉和自主神经障碍，简称HSAN，是一大类以损害感觉神经及自主神经为主的遗传性疾病的总称（也就是说，无痛症可以细分为很多种类）。目前所知的无痛症可分为5种类型，造成这5类无痛症的基因有很多种，有些致病基因是显性遗传，也有些是隐性遗传。

很多无痛症是由SCN9A基因突变造成的。那对咬伤自己的印度姐弟，就是SCN9A基因的突变所造成的无痛症。这种基因与Nav1.7钠通道有关，当SCN9A基因突变时通路会被抑制，使人失去感受疼痛的能力。

而无痛无汗症则属于IV型无痛症，这种病是酪氨酸受体激酶1（NTRK1）基因突变造成的。NTRK1基因位于1号染色体上，编码酪氨酸受体，这个受体维持感觉神经元与交感神经元的生存。当NTRK1基因突变时，会使得酪氨酸受体功能变得不完全，使神经元失去正常传导外界刺激的能力。患者缺乏痛觉是因为背根神经节受损，无汗是因为控制汗腺的交感神经元受损。

虽然疼痛不是什么愉快的事情，但它却是动物在演化过程中逐渐形成的一种自我防御机制。当动物受到伤害时，产生的疼痛感觉能给它们发出警告性信号，让它们保护好自己的身体，防止受到更多的伤害。

感受不到疼痛对无痛症患者来说是弊大于利的。他们感受不到身体受伤，也感觉不到急性阑尾炎这样的疼痛，往往会耽搁重要治疗时机。但对于关节炎、神经痛这样的慢性病患者来说，没有痛觉是他们梦寐以求的事情。这些病痛不但给他们身体造成极大痛苦，还会使患者在长期病痛中罹患心理抑郁。一些严重的疼痛还会导致"中枢敏化"，即使外在刺激已不存在，大脑仍会感觉身体疼痛难耐。

从无痛症患者身上，科学家找到了研发新型止痛药的灵感。前面提到，很多无痛症患者都是 *SCN9A* 基因突变引起的，而这个基因与 Nav1.7 钠通道有关。因此，如果能够研发出抑制 Nav1.7 钠通道的靶点药物，就能起到显著的止痛效果，而且副作用较小。

虽然无痛症患者的突变基因能帮助别人摆脱疼痛，但对这些患者而言，被治愈的希望其实是极度渺茫的。抛开治疗过程中的困难不说，治疗时所需花费的高价费用和对应的医疗资源，也非常人所能承担。

■ 渐冻症

斯蒂芬·威廉·霍金（Stephen William Hawking），1942年1月8日出生于英国牛津，获得英国荣誉勋爵、大英帝国司令勋章、英国皇家学会会员、英国皇家艺术协会会员等荣誉。他是英国剑桥大学著名物理学家，现代最伟大的物理学家之一，也是20世纪享有国际盛誉的伟人之一。

1963年，21岁的霍金不幸被诊断患有肌萎缩性脊髓侧索硬化症（ALS）。当时，医生曾诊断他只能活两年，可他一直坚强地活到2018年。

在牛津大学读书的最后一年，霍金发现自己身体越来越不受控制，行动变得笨拙，时常无缘无故地摔跤，做运动时也力不从心。在剑桥大学时，他的病情恶化，无法清晰地说话。后来，他不得不依靠轮椅行动，他的身体逐渐变形，头只能朝右边倾斜，肩膀一高一低，只有三根手指和双眼可以活动，双脚朝内扭曲，嘴几乎歪成S形，这逐渐成为他的标志性形象。

因为患病，霍金无法正常读书写字，看书必须依赖一种翻书机器。但在手术后，他依然凭借毅力写出了举世闻名的《时间简史》，疾病并没有阻止他进一步思考并持续为人类作出贡献。

ALS是一种渐进性的神经退行性疾病。大脑和脊髓中与运动相关的神经细胞受到影响，造成运动神经元死亡，令大脑无法控制肌肉运动。在患病晚期，病人会完全失去行动能力。ALS的发病率约0.2/10000到0.5/10000，属于罕见病。

这一疾病最早于1869年由法国神经科学家让-马丁·沙可（Jean-Martin Charcot）命名。然而，ALS引起人们的广泛关注要推迟到1939年，当时，美国知名棒球运动员亨利·路易斯·贾里格（Henry Louis Gehrig）因患ALS而停赛，人们才对这种疾病有所了解。

斯蒂芬·威廉·霍金
（图片来源：维基百科）

ALS初期，患者可能会出现肌肉无力或行动僵硬，多数从手臂或腿部无力开始，同时也可能伴随肌肉萎缩和吞咽困难。确诊后，病人的预期寿命约3~5年，但也有存活超过5年的病例，占比约20%；存活超过20年的病例约占5%，霍金就是这5%中的一员。

目前，ALS的病因尚不明确，对这种罕见病的研究还有很长的路要走。

■ 血友病

亚历山德丽娜·维多利亚（Alexandrina Victoria）是英国历史上在位时间第二长的君主，在位时间长达64年，仅次于伊丽莎白二世女王。她也是第一个以"大不列颠和爱尔兰联合王国女王和印度女皇"名号称呼的英国女王。她在位期间（1837~1901年）是英国最强盛的"日不落帝国"时期。

维多利亚女王有4个儿子、5个女儿，这些儿女与其他欧洲王室联姻，逐渐形成了错综复杂的亲缘关系，也因此，维多利亚女王被人们称为"欧洲老祖母"（Grandmother of Europe）。

维多利亚女王本人是血友病携带者，因此这种病遗传给了她的3个子女，还有2个公主是血友病基因携带者，他们与欧洲王室的联姻导致了血友病在王室的蔓延，很多王室成员因此失去了生命。血友病成了王室的"诅咒"。

亚历山德丽娜·维多利亚女王
（绘图：弗朗兹·克萨韦尔·温德尔哈尔特）

血友病（Hemophilia）是一种因凝血因子编码基因突变导致凝血因子功能缺陷的凝血功能障碍性遗传性疾病。血友病的重要临床特征为凝血时间延长、出血，以自发性、轻微外伤后出血难止或创伤、手术后严重出血多见。

甲型血友病（Hemophilia A）是由凝血因子VIII缺陷所致，约占血友病的80%~85%。乙型血友病（Hemophilia B）是由凝血因子IX缺陷所致，约占血友病的15%~20%。

甲型血友病呈X-连锁隐性遗传，由*F8*基因突变导致。其中22号内含子倒位突变占48%左右，1号内含子倒位突变占2%~3%，其余重要功能区序列变异占43%左右，而外显子的重复或缺失占6%左右。约有15%带点突变的先证者不具有家族史，由新发突变（即 *de novo* 突变）引起。

乙型血友病呈X-连锁隐性遗传，由*F9*基因突变导致。其中重要功能区序列变异可占近97%，其余外显子的缺失或重复可占3%左右。约50%的男性乙型血友病患者不具有家族史。

甲型血友病的发病率约为1/4000~1/5000新生男婴。乙型血友病的发病率约为1/20000新生男婴。

如前文所讲，在目前已知的超过7000种罕见病中，80%的病因与遗传因素有关。而其中70%的人在童年时已有发病现象。所以，对罕见病患者和他们的家庭来说，灾难就像是一种与生俱来的诅咒。

更可怕的是，悲剧似乎是罕见病患者不可改变的宿命——绝大部分罕见病至今没有药物可以治疗，而可治的少数罕见病，往往也因为药物或基因疗法太小众、太昂贵，而远远超过患者本人和医疗保障系统所能承受的范围。

2008年2月29日，欧洲罕见病组织发起了第一届"国际罕见病日"，并将每年2月的最后一天定为"国际罕见病日"。

国际罕见病日设立的目的，就是提高人们对于罕见病的整体认知，当了解、支持、帮助罕见病群体的呼声成为主流声音的时候，我们才有可能进一步为罕见病群体争取更平等、更受尊重的生活。

Chapter 8

癌症，
众病之王已不久

———

一路走来，人类在对付癌症的过程中，已
创造了无数的奇迹。随着早防早治理念和
手段的普及，以及精准医疗技术的进一步
普惠，癌症终将从疾病的铁王座退下。

虽然很多人谈"癌"色变，癌症被公认为"众病之王"，但我坚信，随着科学技术的进步以及防癌意识的提高，一些癌症必定是可以被消除或远离的。

首先我们要知道，人体中天然存在肿瘤相关基因。肿瘤基因可分为原癌基因和抑癌基因，这类基因因为情绪、感染、疾病、环境等因素产生突变后，会诱发癌症。肿瘤虽然可以简单理解为癌症的表现形式之一，但只有恶性肿瘤才属于癌症，良性肿瘤人人都可能携带。

作为复杂的系列疾病，癌症和我们共同走过漫长的历史。人与癌的抗争，自人类诞生以来，一直延续到今天。我们慢慢发现，很多癌症都是由基因突变引发的，而导致基因突变的物理、化学、生物因素始终存在于我们日常生活的环境中，每个人一生中都有可能患上癌症。不过，肿瘤和癌症也绝非人类所独有，其实动植物也都有类似的情况。

肿瘤是如何产生的呢？正常的细胞，会在若干天之内进行复制，但由于遗传与环境等各种因素的刺激，细胞在复制时会发生错误，细胞增殖周期会越来越快，长此以往细胞脱离了正常的复制周期，就不再受机体调控，致使有错误的细胞开始无限增殖，从而形成肿瘤。而癌症实则就是不受控制、无限增长的恶性肿瘤。

癌症会遗传吗？众多癌症中，约有5%～10%与遗传相关，如卵巢癌、乳腺癌、结直肠癌、胰腺癌等明确与遗传密切相关的有二十多种。针对遗传高风险人群，可采用积极的预防和干预措施，降低肿瘤发病或复发的风险。但大多数癌症都受后天环境因素的影响。我们更常说的癌症有家族聚集性，是指一家人的生活环境、生活习惯、饮食习惯趋于一致，比如长期生活在空气污染严重的地区，喜欢吃高盐、重油的食物等，这些致癌因素长期积累，导致这一家人患癌的概率较高。

此外，癌症也与人均预期寿命有关。为何以前的人们没有听说过癌症？为何当今癌症如此高发？谈及于此，我们首先得要对人类疾病与寿命的关系有一个新的认知。

比如，至2021年，中国人的人均预期寿命是78.2岁，在这个阶段，我们国家的主要致死病因是肿瘤，心脑血管疾病也是一大类。非洲的肿瘤患病人数要比中国低得多，也有人会说，是不是因为非洲环境好，所以非洲的人不得肿瘤？但实际上，当今非洲的人均预期寿命只有五十几岁，主要的致死疾病是传染病和感染病——当一个种群、一个民族、一个国家的主要死亡谱[1]转成肿瘤的时候，一定程度上意味着，这个种群变得长寿了——它的人均预期寿命一定是超过70岁的。

如果人均预期寿命已经到了85岁以上，肿瘤可能就不再是"众病之王"了。我们可能会面临更多衰老性疾病，比如神经退行性疾病——阿尔茨海默病、帕金森病等，这些疾病就会变成主要的死亡谱。

一路走来，人类在对付癌症的过程中，已创造了无数的奇迹。从小分子靶向药物到抗体药物，从免疫治疗到质子重离子治疗，手段层出不穷、日新月异。目前在美国，甲状腺癌、乳腺癌、前列腺癌、皮肤黑色素瘤、睾丸癌的五年生存率都超过了90%，甚至接近99%。随着早防早治理念和手段的普及，以及精准医疗技术的进一步普惠，癌症终将从疾病的铁王座退下。

近年来，我们坚持在做肿瘤相关的科普，也一直呼吁防大于治的理念。我常说："没有突然发生的肿瘤，只有突然发现的肿瘤。"肿瘤的发生和发展是一个漫长的过程，如果能在癌前变异积累时及时发现并治疗，将有很大可能避免癌症，或

1　死亡谱：在特定时间内某一国家或地区的人群，其整体死亡因素的死因构成比和死因顺位。

在早期被治愈。

在此不妨比较下中国和美国 2021 年的肿瘤五年生存率：美国接近 70%，中国大概是 40.5%，之间相差 29.5%。进一步细分就会发现，美国高发癌症排在前几位的，除了肺癌以外，主要是前列腺癌、乳腺癌。这是两种比较容易医治的癌症，能够及时发现、及时治疗。然而，中国的乳腺癌发现时大都在三期以上，而美国乳腺癌很多都是在一期甚至零期就被发现了。所以，如果我们想群防群控肿瘤，最好的方式是：防大于治——应该在肿瘤更小的时候，通过早期干预的方式把它遏制住。

宫颈癌是一个很好的例子。2008 年，科学家发现宫颈癌是由一种高危的人乳头瘤病毒（HPV）长期感染所引起的。世界卫生组织也提出这可能是第一个被人类消除的肿瘤。所谓"消除"不是"没有"，而是发病率低于十万分之四，我们就认为这个疾病基本上被消除掉了。

已经知道宫颈癌就是被 HPV 长期感染所致，那么我们该怎么做呢？

第一，对付一个病毒最好的方式就是接种疫苗。最近，发达国家宫颈癌的发病率大幅度降低，就是这项举措最好的证明。

第二，要做大规模人群的筛查，特别是适龄女性（通常指 30～60 岁的女性），每三年做一次 HPV 的筛查，如果持续阳性就应尽早地进行治疗，这样就可以大概率地消除因为 HPV 导致的宫颈癌。同样的方式可以用于结直肠癌、乳腺癌甚至肺癌的预防。如果我们能够消灭掉目前致死率前十大癌种的50%，我相信我国整体的人均预期寿命会超过80岁，达到当今日本、西欧、北欧等国家和地区的水平。所以在我看来，防大于治，是更好、更经济的方式。

我们讨论用哪一种精准的技术去精准地治疗某一个肿瘤时，要考虑可及性，其中最重要的问题是：普通人无法负担高昂的治疗费用。在扰击新冠肺炎疫情的过程中，我们知道特朗普虽然感染了新冠病毒[1]却被迅速治愈，其实是因为他注射了几克的抗体，其治疗费用可能高达几百万元人民币，这是普通百姓无法负担的。而在某一阶段，中国防治新冠的方式是让更多的人方便检测，尽量实现"应检尽检"，我认为肿瘤也应该用类似的方式进行防治。

第三，在过去，我们发现每个人都有癌细胞。曾经有对很多90岁以上自然死亡的女性做乳腺切片的实验，发现她们都有癌细胞，但并没有死于癌症。这说明，某种程度上，我们要更好地与肿瘤和平共处，学会"带瘤生存"，把肿瘤当成是一种新的物种，与我们共生。如果你可以忍受得了脚气（一

1　新型冠状病毒肺炎（Corona Virus Disease 2019，COVID-19）：于2019年首次被发现，世界卫生组织命其名为"2019冠状病毒病"。特朗普于2020年10月公布自己感染病毒。随着疫情的发展，病毒经过几次变异后，毒性弱化，全文统一简称"新冠病毒"。

种真菌的感染），大概也能够接受我们体内携带"平和"的肿瘤，并跟它保持一种平衡。

此外，随着基因科技和生命科学的不断发展，早期检测、液体活检、低能量高分辨率的影像检测等应用技术也为癌症的防、诊、治、监提供了先进的临床武器，单细胞组学、时空组学更是为癌症诊断、干预等关口前移开启了新的大门。今天我们迈出的一小步，将来一定能成为人类健康事业发展的一大步。

从另外一个层面上理解，我们人类的身体携带了数量众多的微生物细胞，这些微生物细胞约是人类细胞的 3~10 倍，如果我们有 30 万亿个体细胞，我们可能就携带着百万亿级别的微生物细胞，所以人类归根结底是一个生态系统。要更好地在这个生态当中跟所有细胞和谐相处，不管是面对传感染疾病、面对肿瘤、面对自然界，我们都应该坚持这样的方式，我相信我们可以取得和自身的自洽、和生态的互洽、和自然的融洽。

Chapter 9

死亡，
其实就是个程序

———

向死而生，其实是一种人类理性与人类基
因的本能对抗。用我们无私的人性去克制
自私的基因，人活着的意义就是如此。

生与死一直是人们关注的焦点，也是古往今来科学家们不断探索的未知领域。

人死后，身体会发生什么变化？

人死后，身体接收到这个信号，短短的几刻，所有机能都为腐化而重新开始"活跃"了。

我们要明白，人类从单细胞生物一步步演化至今，每一代生物的去世、每一个个体的离世，都是为了给它们的后代留下更好的养料和根基。而对一个人来讲，在生命的尽头，最终都会回归一个尘归尘、土归土的状态。

死亡之后尸体的腐化，是一个十分漫长的过程。

一开始，人体中酶类开始降解体内细胞的细胞膜，细胞内的物质被释放出来；体内的各个系统停止运作，尸体变得僵硬和冰冷；接下来，肠道微生物会产生有腐败气味的气体，通过口鼻、肛门排出，从而产生尸臭；随后，从腹部开始，皮肤会随着硫化物的生成变为绿色，产生"尸绿"，并扩散至全身。这些常常是在人死后一天内发生的变化。

之后的几天，尸体逐渐从僵硬变得松弛。大概在10～20天时，尸体开始变成黑色，并出现腹部气压升高、腹部肿胀的现象。死后约一个月，身体的软组织会慢慢分解，随后支撑人体的骨骼会逐渐暴露出来。随着时间的消逝，人死后，最终只剩一具白骨。

但是遗骨会说话，今天有非常多的考古学、解剖学、人类遗传学证据，都是通过这样一具又一具的遗骨，来告诉我们人类是怎样走到今天的。所以这不是什么鬼狐仙怪，也不是什么盗墓笔记，这就是一个生命该走完的历程。只不过相比于其他物种，人类似乎还有一个无法安放的存在——灵魂，它到底在哪儿？

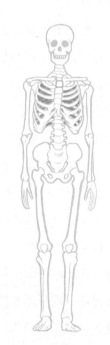

随着时间的消逝，人死后，最终只剩一具白骨

弥留之际，大脑会发生什么？

在弥留之际，会回光返照吗？
大脑在这一刻还会工作吗？它会像
平时一样理智吗？人的大脑到底会
发生什么？

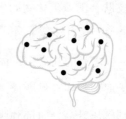

大脑下达了最后一条指令，启动了"回光返照模式"

生命不是永恒的。所有物种的
生命，总有一天会进入倒计时，在
生命的终点真正来临之前，很多人
都会最后挣扎一次。求生的信号会不断地传送，告诉大脑："哥
们儿，再不努力，我们可能最后想说的事都说不了了。"于是，
大脑下达了最后一条指令，启动了"回光返照模式"。

从现在开始，人最后一次拼尽能量、物质的最后一次闪光
开始了，最高命令将从大脑的皮层发出。因为有太多的事情
想留给这个世界，不管是家人、同伴，还是事业。

下丘脑先被激活，垂体紧急响应起来，神经系统、神经递
质系统、内分泌系统、免疫系统同时工作，不断向各器官释
放各种应激的激素。垂体会快速作用到肾上腺，释放出肾上
腺素，这是我们经常在战争大片里面看到的，能让人释放出
最后力量的物质。

同时，我们激活了交感神经系统，血管收缩、血压升高，
微弱的生命顷刻间被一种力量照亮了。我们今天说的安宁疗

护也会在这个时间点发挥一部分止痛作用，让人又恢复到一个比较健全的时点。要知道，只有在那一刻，才有可能把最后想做的事做完，想说的话说完。而正常的死亡是不太会痛苦的，因为大脑早就准备好了⋯⋯

人类的大脑是如此地神奇，在弥留之际，它会调动大量的脑细胞去释放更多的色氨酸，让人进入致幻的状态。这个时候，人可能会进入到一个漫长的时光回溯状态，看到了这一生是怎么走来的，抑或看到神佛来接。其实这都要感谢自己，你的身体比你更懂得照顾你，这恰恰是人一生所有终极体验的回溯。

向死而生：基因影响着我们的生命观

生与死一直是人们关注的焦点，也是古往今来科学家们不断探索的未知领域。因何而生，为何而死，即便到了今天，我们也没能参透每一个细节。但须知死亡也是刻在基因里的一行代码，终有一天每个人都会走到终点，都会感受到肾上腺素、多巴胺、内啡肽等的喷涌，在"回光返照"的同时感受到前所未有的欢愉。而在与世界作别前，我们更需要正确地理解存在和死亡的意义，建立一个正确的生死观。

有很多人说，生命的起源是很偶然的。但其实，生命起源的偶然本身就是一种必然——我们个体的出现可能是偶然，但对于这个群体来说是一个必然；宇宙当中地球出现了生命是偶然的，但在宇宙当中出现生命是一个必然。

所以生命的"生"，对于个体是偶然的，对于群体却是必然的。反过来说，死亡也是必然的，我们的死亡是为了让下一代有更好的生存空间，因为人类归根结底是以种群而不是以个体的方式来延续。

有人曾问过我这样一个问题：人死去后，基因传递给后代，那么能否认为一个人以基因的形式留在了世间，某种意义上肉体的死亡并不是真正的死亡？

基因是非常固执地在拷贝、前进的。如果一个人繁衍了后代，后代就会携带这个人的基因。从基因的角度来看，一个人的基因得到了延续，从这个意义上讲他并没有死亡。从文脉的角度看，一个人如果没有后代，他也可以以其他方式留下来，就像孔子的学说经过了几千年后为更多人所认知，正如叔孙豹所说"立德……立功……立言……，此之谓不朽"[1]。这些过程是文脉的传递。

实际上，被人遗忘才是真正的死亡。但不等于说，被遗忘的生命没有意义，因为每个生命都体验过这个世界。生命是一个不断觉知和充满体验的过程——这是我所理解的生命的意

1　出自《左传·襄公二十四年》，原文为："太上有立德，其次有立功，其次有立言，虽久不废，此之谓不朽。"

义。可能没有人会直接说"我愿意去寻求死亡",但是大部分人选择了"向死而生"。每个人都知道我们出生后必有死去的一天,但是我们却为了在离开的那一刻无憾,像夏花一样绚烂地用力生活,为了给世界留下些什么而全力打拼,让自己终生处于更好的状态。

死亡是被写在基因里的程序。人在临死前,大脑细胞会从生理状态转换到病理状态,合成并释放大量的色氨酸、5-羟色胺、多巴胺、内啡肽等多种神经递质类物质,让人"觉得"很舒服。

其实从出生开始,我们就不断地认知死亡。一般人对死亡的认知有三个阶段:第一个阶段发生在我们很小的时候,这时我们已经开始对黑暗感到恐惧,因为某种程度上,视觉是维持人类所有安全性感觉的第一感觉,当人看不见的时候,就会第一次体验到感知被剥离,因而感觉到恐惧,这是我们第一次懵懵懂懂地认识死亡;在我们逐渐长大的过程中,会经历第二个阶段,即第一次经历身边的人死亡,一般可能是家里长辈的去世——亲人离世带来的死亡冲击,不仅仅出自本能,还来自亲情的联系,因为共享给我们一部分基因的人不在了;最后一次死亡就是在一个人重病的时候,感知到自己有可能会离开人世,因此而产生对死亡的直接恐惧。

为什么人会害怕死亡?害怕,这是七情六欲之中的一种感觉,人会害怕的东西很多,不仅仅是死亡。只是死亡对于大部分人来说，代表和世界分离，人一旦切断了与世界的感觉联系，就会不习惯。我们都不知道死亡以后是什么样子，这种未知也会带来不安和恐惧。

但人类跟所有的物种最大的区别是，人类是第一种演化出了真利他行为的物种——一个人可以为了他人而死，为了种群而死，为了国家而死，为了民族而死，为了真理而死——不害怕死亡不等于要去拥抱死亡，而是要在死亡真正来临的那一刻区别好它的意义，向死而生地过好每一天，这才是对生命最大的珍惜。

向死而生，其实是一种人类理性与人类基因的本能对抗。用我们无私的人性去克制自私的基因，人活着的意义就是如此。

当今人类做的很多事情都与基因相违背，比如说"少吃多动"——基因就希望我们多吃少动，因为在过去人们是以饥饿为主，人体本能也是趋向不动的。《自私的基因》这本书用基因的自私性诠释了这一切问题的关系，但是对生命科学越来越有觉知的人，会希望基因和人性能达成一种平衡。

从原子层面上看，在氧化还原反应过程中，具有氧化性的物质都在抢电子，这也是"自私"的。元素"自私"吗？数字"自私"吗？加加减减本身有"自私性"吗？当我们把物性无限地人性化，就会想到这些很有意思的问题。可能基因确实有自我延续和复制的欲望，它在不停地扩张、传代与延续自己，而人是在延续到了一定层面以上的时候，突然涌现出了无私的人性。我们的存在正是以无私的人性去对抗基因的自私性。

　　马丁·海德格尔（Martin Heidegger）说："当你无限接近死亡，才能深切体会生的意义。"或许有了向死而生的通透，才不会让我们困于迷茫。天之高，地之广，物之博，还有更多美好等着我们去发现，值得我们去热爱。与其"哀吾生之须臾，羡长江之无穷"，不如怀揣"天地曾不能以一瞬"和"物与我皆无尽也"的豁达，尽情享受生命的炽热。见天地，见众生，见自己。

Chapter 10

称王，
地球老大微生物

微生物早于人类来到这个地球，遍布地球每一个角落，与人类形成共生共存的关系，我们理应尽力去守护与之共处的和谐。

微生物无处不在，可以说，我们浑身都布满了微生物，人体就是和微生物共生的生态系统。

什么是微生物呢？说起来，病毒、细菌和真菌都属于微生物。真菌中常见的有人们所熟知的菌菇类，可谓是人肉眼便可见到的"微生物"；而细菌一般以微米为单位，可以用普通显微镜看到；说起病毒，可就更小了，基本以百纳米衡量，要用电子显微镜才能看到。

人类与微生物相爱相杀的历史

回顾历史我们可以发现，在人类文明的发展过程中，一直都伴随着致病微生物的身影，它们导致一次又一次传染病的肆虐。而人类则凭借着智慧一次又一次找到战胜疾病的方法，每一次人类与微生物的对抗无疑都在推动着人类文明的进步。

首先来说真菌。很多真菌与食物有关，比如蘑菇是很好的食材；比如酵母，可帮助人们制作发酵食物，面包、面条等的制作也都少不了酵母的功劳；当然，还有一些可能会带来困扰的真菌，比如脚气就是一种真菌感染。

再来看看细菌。细菌已来到地球34亿年或更长的时间，然而我们人类来到地球只有700万年。论起细菌与人类的斗争，最典型的恐怕当数中世纪欧洲的"黑死病"，即鼠疫，它是一种叫鼠疫杆菌的细菌引起的传染病。黑死病造成欧洲人口大量死亡，使得人们对腐朽的教会统治信任破灭，社会矛盾也呈不断激化之势。不过黑死病也并非一无是处。从大历史的角度看，一定程度上，可以说黑死病的发生让人们更加深度地思考，促进了欧洲社会涅槃重生以及新的经济力量和科学力量的兴起。

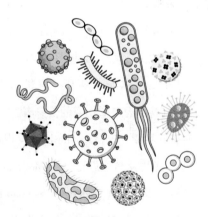

细菌、病毒示意图

平心而论，对人类影响最大的病毒，当属天花病毒、流感病毒和近几年的新冠病毒。天花病毒是人类历史上消灭的第一个病毒，极大推动了疫苗的研究发展和普及。而新冠病毒则引发群众对生命科学的关注，公共卫生防治工作也因新冠肺炎疫情而更加完善。我们期待全人类可以团结一致共同抗疫，更从容地面对疫情。

可以说，人类文明的发展史就是一部与微生物相爱相杀的斗争史，下列诺贝尔生理学或医学奖就见证着人类和微生物有关的一段段惊心动魄的故事：

1902年：罗纳德·罗斯（Ronald Ross）发现蚊子是传播疟疾的媒介，揭示了疟疾的病理。

1905年：罗伯特·科赫（Robert Koch）研究结核病，发现结核杆菌与结核菌素。

1907年：夏尔·路易·阿方斯·拉韦朗（Charles Louis Alphonse Laveran）第一次发现原生动物具有造成疾病的能力。

1928年：查尔斯·约尔斯·亨利·尼科尔（Charles Jules Henri Nicolle）辨认出虱子为斑疹伤寒的传染者。

1951年：马克斯·泰累尔（Max Theiler）发现黄热病疫苗。

1954年：约翰·富兰克林·恩德斯（John Franklin Enders）、弗雷德里克·查普曼·罗宾斯（Frederick Chapman Robbins）、托马斯·哈克尔·韦勒（Thomas Huckle Weller）发现脊髓灰质炎病毒在多种类型组织中培育生长的能力。

1966年：弗朗西斯·裴顿·劳斯（Francis Peyton Rous）发现了诱导肿瘤的病毒。

1969年：马克斯·德尔布吕克（Max Delbrück）、阿弗雷德·戴·赫希（Alfred Day Hershey）、萨尔瓦多·爱德华·卢瑞亚（Salvador Edward Luria）发现病毒的复制机理和遗传结构。

1975年：戴维·巴尔的摩（David Baltimore）、雷纳托·杜尔贝科（Renato Dulbecco）、霍华德·马丁·特明（Howard Martin Temin）发现肿瘤病毒和细胞的遗传物质之间的相互作用。

1976年：巴鲁克·塞缪尔·布隆伯格（Baruch Samuel Blumberg）、丹尼尔·卡尔顿·盖杜谢克（Daniel Carleton Gajdusek）发现传染病产生和传播的新机理。

1989年：J. 迈克尔·毕晓普（J. Michael Bishop）、哈罗德·艾利洛·瓦慕斯（Harold Elliot Varmus）发现逆转录病毒致癌基因的细胞来源。

1997年：史坦利·布鲁希纳（Stanley Prusiner）发现朊病毒——传染的一种新的生物学原理。

2005年：巴里·J. 马歇尔（Barry J. Marshall）、罗宾·沃伦（Robin Warren）发现幽门螺杆菌及其在胃炎和胃溃疡中所起的作用。

2008年：哈拉尔德·楚尔·豪森（Harald zur Hausen）发现导致子宫颈癌的人乳头状瘤病毒；弗朗索瓦丝·巴尔-西诺西（Francoise Barré-Sinoussi）、吕克·蒙塔尼（Luc

Montagnier）发现人类免疫缺陷病毒（即艾滋病病毒HIV）。

2015年：威廉·C.坎贝尔（William C. Campbell）、大村智发现丝虫寄生虫新疗法；屠呦呦发现疟疾的新疗法。

2020年：哈维·J.阿尔特（Harvey J. Alter）、迈克尔·霍顿（Michael Houghton）、查尔斯·M.赖斯（Charles M. Rice）发现丙型肝炎病毒。

看完上述历史，你不禁会捏一把汗，并暗自庆幸——人类总是可以在与微生物残酷的斗争中胜出。但真的是这样吗？从种群的角度讲，人类几乎扛住了每一场和微生物的竞争，无论是打平还是险胜。

关于病毒，人类还真是"赢下了"很少一部分穷凶极恶的对手，比如用疫苗灭种了"天花"（但成书时，其同科的猴痘病毒又开始"闹妖"），比如用抗病毒药物对丙型肝炎病毒"赶尽杀绝"。

可是说起细菌，人类至今还没有赢下任何一个对手，尽管在抗生素发展的巅峰时期，人类曾不止一次认为自己即将大获全胜，但今天我们更多看到的是一大批多重耐药甚至全耐药细菌的肆虐。

而关于寄生虫，人类主要是通过公共卫生预防的方式来对抗，比如对抗包虫或血吸虫。要知道，我们迄今为止还未能成功开发任何一款人用寄生虫疫苗，即使是小小的疟原虫，依然每年可以引起超过2亿次的感染（疟疾），造成50万人以上的死亡。

在面对微生物的威胁时，人类从未停止过斗争，各国的科研以及医学工作者也在夜以继日地精进创新。但毕竟，微生物才是地球之王，它们在地球上繁衍、发展、无处不在，和所有生命一样，以生存为第一要义，壮大自己。它们来到地球已经几十亿年，而人类成为地球霸主不过万年时间，想要彻底战胜致病微生物，几乎不可能实现。

在研究微生物的过程中，科学家们也越来越清晰地发现，微生物和人类都是物种，我们和微生物的关系，不仅是对抗还有合作，不是竞争而是共生。归根结底，我们所谓的"感染病"，是我们跟微生物的"谈判"破裂了。在可预见的范围内，人类和微生物注定长期共存，与其杀敌一千自损八百，不如主动寻找与之相处的合适方法。

然而我们也完全不用悲观，孔夫子曾曰："知者不惑，仁者不忧，勇者不惧。"承认人类认知的局限，学会从人类与微生物的斗争史中去思考和总结，坚持把防控放在第一位，提高公共卫生条件以及医疗水平，继续学习诺奖科学家们的精神，推动科技不断进步，加强对微生物的研究和探索。我们要与微生物友好"谈判"，在和谐共处中取其长处，在疾病肆虐时灭其威风。

地球、微生物与人类

我们说微生物是地球之王，那么人类、地球、微生物之间是怎样的关系？人类在地球中的地位到底是什么？我们谈论保护地球，保护的是什么？

■ 人类在地球中的地位到底是什么？

古希腊神话中，大地之神、众神之母的名字叫盖亚（Gaia）。盖亚地球本身就是一个生命体，人类可以被看作是地球的菌群。

人类于地球而言，就像肠道菌群于人体——我们肠道里面不是只有益生菌、有害菌，还有好多条件致病菌。人体免疫力低下的时候，条件致病菌可能变成有害菌；免疫力还不错的时候，它则可能对人体起到积极的作用。这就是我们所谓的"中间派"。如果社会混乱，他也跟着去打砸抢；如果社会安定，他可能就老老实实成为一个对社会有益的，至少是贡献劳动生产力的群体。人类就有点像地球的条件致病菌，并有逐渐从条件致病菌向有害菌转化的趋势。

地球的宏观气候也许我们无法控制，但是在微观生境上，我们已经慢慢地感受到近几年环境的巨大变化。人类在地球当中的地位到底是什么？

我们有时候开玩笑说"人类一出，万物皆枯（哭）"，第一个是"枯"，第二个是"哭"——很多物种都被逼到了绝境，甚至已经灭绝，比如猛犸象、剑齿虎、地树懒，很多大型动物伴随着智人向全球扩张的过程而消失了。

现在我们明白，保护不了地球，就保护不了自己。保护地球，保护的是什么？地球是什么？是这颗行星？是这些元素？地球是一个整体，我们必须把它作为一个整体去爱。我们不能表面上以爱之名去保护地球，最后发现只是在保护人类自己。

我们对微生物的态度也应是如此。微生物早于人类来到这个地球，遍布地球每一个角落，与人类形成共生共存的关系，我们理应尽力去守护与之共处的和谐。

■ 科技向善，为人向善，全人类要一起努力才能共存

我一直认为心理学、哲学，甚至神学，其核心要务就在于充分理解人类是有限的。但是很多人都在有限中追求无限，恰恰是因为明白了，只要自己做一点点贡献，就能收获自洽——我们所有的经历就是生而为人的意义。

科技向善，为人也要向善。这里的"善"不能仅仅是以人为基准的善。王阳明的四句教说："无善无恶心之体，有善有恶意之动，知善知恶是良知，为善去恶是格物。"即地球上可能没有什么善恶，之所以有善恶是因为人的心动了，但是在了解什么是善、什么是恶的过程中，人会形成良知。良知就是知善知恶，如果放到更大的群体中，良知会从关注一个人扩展到关注整个生态，然后"为善去恶"——格物，我们就更

加接近于道，而不只是局限于人。

■ 见众生就是见自己

地球上不只有人类这一个物种，地球之所以美丽，就是因为它保持了生物的多样性。所以要了解万物，见众生，先见自己。

去了解物种的"喜怒哀乐"，这虽然是一种"无用之用"，但"无用之用"在古希腊语境下的近义词就是"科学"，它来自好奇心的驱动，这种好奇心驱动的结果是，人保持了对自然界、对众生的兴趣，而使得自己容易获得一个自洽的状态，即看见万世万物都是欢喜的状态——很多哲境，追求的都是这个状态。

人类拥有亲生命性的最基本原则，如果可以再深一步，我们就能产生对生命的深度觉知，你可以通过这种深度觉知把对事物的理解，扩展到你所在的群体和生态，对人类社会、对自己，产生很多思考和映射，然后在这些生命天真且无忧无虑的生活中，找到一丝久违的安逸和快乐，如见拈花而会心一笑。

Chapter 11

菌群，
谢谢你们真给力

———

一个正常人的菌群总量是人体细胞的 3 倍
到 10 倍，而肠道菌群的基因总量差不多
是人类基因总量的 150 倍。可以说，我
们从来就不是"一个人"，而是一个"人
菌共生"的生态系统。

一个社会属性的人遗传什么？父精母血，我们称为"血脉"的传承。语言、文化、习俗的传承，是文脉。与人共生的微生物的传递，是菌脉。我坚持认为，一个社会属性的人是"三脉合一"的产物，即我们的血脉（基因遗传）、文脉（种群文化）和菌脉（共生菌群），都在世代传递。

很明显，当今人们正以更宏大、全面的视角重新审视"泛遗传"，从这一角度来看达尔文的演化论在百余年后仍有更多可完善的空间。随着人类对基因的了解，我们也更加领悟了生命的真谛。

天行健，"菌""子"以自强不息

如果一个人活到80岁，要呼吸约8亿次，心跳约30亿次；一个正常人约有40万亿～60万亿个细胞；而一个正常人的肠道菌群至少约有100万亿个细菌，是的，你没看错，100万亿个！它们的基因总量差不多是人类基因总量的150倍。可以说，我们从来就不是"一个人"，而是一个"人菌共生"的生态系统。

从新冠肺炎疫情以及人类历史中的每一次瘟疫来看，人类的发展史就是一部和微生物相爱相杀的斗争史。细菌、病毒这些微生物从几十亿年前来到地球，它们见证着生命从简单到复杂，从水生到陆生，从低等到高等，从无性到有性，直至构成现在万千世界的发展历程。

在这个演化历程中，菌群和"血脉"与"文脉"一样，都是世世代代向下传递的。

但为"菌"故，沉吟至今

每个从小就吃某种发酵食物的人，其大概率终生都爱吃，比如韩式泡菜，隔一段时间不吃就会想。有时候，我们想吃某种食物，或许不是我们想吃，而是我们肚子里的菌群"想"吃，因为食物里富含它们生长所需的培养基。肠道菌群究竟对我们的大脑、意识有没有影响？

研究发现，肠道菌群和"脑-肠轴"有着密切的关系，肠道菌群代谢物，如短链脂肪酸、5-羟色胺等，可作为信号分子参与人体内分泌、免疫、神经通路调控，甚至菌群还会从自己的细胞壁上拆下特定分子向特定脑区受体"发快递",从而实现对机体大脑认知、食欲、情绪等的调控。

上百万亿的肠道菌群和860亿个神经元如何进行交互? 在今天,越来越多学科,包括脑科学和神经生物学,都已开始逐步证明人类肠道微生物组在一定程度上可以影响人类大脑。

愿"菌"多采撷,此物最相思

实际上,每个人都养了一肚子菌。我们经常听到一句话: You are what you eat(人如其食)。

肠道菌群的"口味"是不是遗传自母亲? 一个经过顺产的婴儿,其肠道的菌群在出生后一岁左右就会跟妈妈趋于一致。从这个角度来看,不考虑肠道菌群的影响,只单纯讨论营养摄入是不科学的。

在《科学》上发表的针对人类双胞胎的一项研究,将双胞胎的肠道菌群移植给小鼠,接受双胞胎中较瘦者菌群的小鼠保持了纤瘦的体型,而移植了较胖者菌群的小鼠体内脂肪增加,且肠道菌群多样性显著降低。可见,有时候减肥也可能要从自己的肠道菌群着手。

实际上,不同菌群对应不同类型的食物。有些人爱吃素,有些人爱吃肉,有些人爱吃海鲜……这都给菌群供养了不同的

接受双胞胎中较瘦者菌群的小鼠保持了纤瘦的体型，
移植了较胖者菌群的小鼠体内脂肪增加

"培养基"，所以如果哪天我们改变了"培养基"，菌群可能就会"闹脾气"。我们今天总开玩笑说，是否有"山珍菌群"？是否有"海味菌群"？吃红肉导致的血尿酸高和吃海鲜导致的血尿酸高，两种患者所需要的肠道菌群调节剂是否一样？事实证明，还真的不一样。这些都是十分有趣的问题，能够在健康和医疗方面带来很多启发。

"菌"在长江头，我在长江尾

共生，可能无处不在。

人菌第一次共生发生在何时？我们为何要"共生"？

其实月亮和地球之间就是共生状态，彼此之间有"引力"相互吸引。这就有点像人类和肠道菌群的关系。

最早被融合驯化的细菌，可能是线粒体，已经共生到进行呼吸作用的每个细胞内。这个"内共生",大概在15亿~20亿年前就已经发生了。

因为基因测序技术的普及,我们看到了许多单细胞生物与共生菌之间的关系,比如2亿~3亿年前,纤毛虫吞噬了一种能呼吸硝酸盐的细菌,并将其整合到自己的细胞中,变成了化能自养菌——相当于把一台"发动机"安装到了自己身上。再比如一种光能自养菌——蓝细菌UCYN-A与单细胞浮游藻类共生,起到海洋固氮作用,在这过程中它也获取了足够的养分。

由此可见,共生的优势就是:"人民"需要什么,我们就造什么。这是个互惠互利的结果。所以当今,不管是研究基因组、代谢组、微生物组还是合成生物学,都是从生态的角度出发,而不是只研究单一的种类。

"菌"生我未生,我生"菌"未老

经常有人问:菌群是否男女有别?菌群和衰老有何关系?菌群是何时在人肠道中定植的?

华大等多家单位做了迄今为止最大规模的中国人群肠道宏基因组研究,该项结果于2021年发表于《自然·衰老》(*Nature Aging*)杂志上。此研究综合了近3000例来自中国、以色列及荷兰的多人群肠道宏基因组公开数据,并通过对北京平谷

2338名26～76岁成年人进行肠道宏基因组高通量测序分析，开创性地发现青年女性比男性具有更高的菌群多样性，且该多样性与性激素水平呈正相关；此外，多种代谢保护菌的富集或与女性绝经前的低代谢病发病率有关。

此外，研究还发现，当代老年男性雄激素水平显著高于青年男性，而睾丸激素水平与男性肠道中多种产丁酸盐的菌富集呈正相关；也就是说，与老年人相比，青年人的菌群多样性和产丁酸菌丰度更低，这一发现与观察到的高工业化程度地区人群更低的菌群多样性和产丁酸菌丰度一致。

至于婴儿的肠道菌群究竟是在子宫内产生的，还是经产道生殖后产生的，尚存在争议。诸多研究表明，子宫大概率处于无菌的状态，也就是说，肠道菌群在健康足月胎儿中的定植并不是发生在出生之前。在新生儿体内，许多免疫细胞一直在压制婴儿肠道的免疫性，就是为了婴儿能长出一肚子"好菌"。所以从这个角度来看，出生半年内新生儿免疫力相对低下并不一定是坏事，这其实为菌群的定植生长营造了更温和的环境。而母乳也不单单是喂孩子的，其中有一些营养物质主要是给肠道菌群吸收的，所以母乳也有利于培养孩子肠道的益生菌。换句话说，孩子在两岁以前，不到不得已的时候，建议尽量不要用抗生素，因为使用抗生素就相当于在孩子稚嫩的肠道菌群中扔了一颗"原子弹"，可能会对孩子的肠道菌群多样性造成持续多年的不利影响。

那么人体内到底有没有无菌的地方？

科学家做了好多年的研究，最后的答案是，这是个相对概念。在绝大部分的生理条件下，人体内环境几乎没有菌的存在（或许是检测不到）。但是在病理条件下，比如说出现炎症、肿瘤时，平时相安无事的菌群和其他微生物，就可能凑在一起对人体搞破坏。

报"菌"黄金台上意，提携玉龙为"菌"死

2022年4月，哈佛医学院Khalid Shah教授在权威杂志《美国医学会杂志·肿瘤学》（*JAMA Oncology*）发表的一篇述评文章，建议了应考虑在癌症治疗中常规化肠道微生物群检测，这是为什么呢？

在癌症治疗中，不同的菌群实际上决定了完全不同的治疗效果。就拿化疗来说，特定菌群或许可以辅助治疗，提高化疗的效果，同时也能降低化疗的副作用。但如果菌群不合适的话，一部分菌群甚至能让化疗无效。许多你自以为可以在细胞内表达的物质，实际上还要过菌群这一关。

除了化疗，还有近几年大热的免疫治疗。我们发现，有非常多的免疫治疗有效率仅在20%～30%，而在某些癌症中，几乎无效。这其中的原因之一是菌群的个体差异——不同人的菌

群不一样，如果可以有效地改善一部分人体内的菌群，就可能极大地提升免疫治疗的效果。这也意味着，在今后的肿瘤内科治疗上，我们要考虑肠道内的营养支持和精准的菌群干预支持。这可能是以后一个非常重要的研究方向。

了却"菌"王天下事，赢得生前身后名

从产业角度预测，如果测序成本低到无需考虑，我们对菌群的理解会到什么程度？

在没有运动手环和三轴陀螺仪之前，我们不知道一天走了多少步。今天，我们把数据从被动变成主动，从主动变成了自动。测序仪成本的下降定能让我们获得更多以前我们不知道的群落和群体的数据。目前，测序技术正在飞速普及，成本在快速下降，我们今后是否能对细菌进行绝对的定量？不仅仅是看菌种信息，还看它的群落和能量值，更大的数据量可以帮助我们找到更多"四两拨千斤"的稀有微生物。

保守估计这个地球上的细菌不会低于1000万种，而我们现在知道的细菌不足几万种，目前其中能做益生菌补充剂的不过几十种。测序结果的准确性，是高质量研究的前提和保障。测序量越深，我们获取信息的概率就越大。

在未来，或许可以有一种智能马桶，可以随时采集样品且

同步测序，让每次如厕都是一次体检……如果我们可以实时监测，从粪便潜血中监测肿瘤标志物、菌群标志物，我们是否可以通过全消化道来监测自己的身体状况？这可能也是未来我们将智能设备、物联网和菌群检测联合起来的研究方向。

莫愁前路无知己，天下谁人不识"菌"

我经常问自己一个问题：一个人的肠道菌群到底可以容纳多少种菌？它的基础复杂度有没有上限？

我们今天看到的微生物，至少占地球生物量总量的三分之一。别觉得它小，其实它无处不在。海洋中的病毒总重量相当于7500万头蓝鲸。

在人体内，肠道和细菌实际上是一种共生状态，肠道包含上千种细菌。

从这个意义上讲，科赫法则[1]可能需要被修正。因为到今天为止，只有不到3%的菌可以在体外被纯化培养。一方面可能是我们的确没有摸索出很好的培养条件；另一方面，有一部分细菌是"孤阳不生，独阴不长"的，要通过"共生"才能同

1　科赫法则（Koch postulates）：又称证病律，通常是用来确定侵染性病害病原物的操作程序，由德国医学家和细菌学家罗伯特·科赫提出。

时存在。也许科赫法则要从培养证据更多地走向分子证据。

曾有科学家利用黏菌的蔽光性,以光点模拟日本地形,然后在东京几个重要的地铁站对应处放置食物,黏菌凭借着本能,用几个小时在地图上连通了东京地铁几十年所规划出来的线路。

黏菌对食物的追逐,让我们看到了道法"自然"(此处指生命)的含义。相比于神经元互作,微生物的互作从信息传递、互作空间上看要复杂得多。现在微生物互作拓扑结构仍旧是一个谜。我们对菌群"共生智能"的理解才刚刚开始,对菌群的研究才刚刚起步。

那么,神经元互作和菌群互作谁更牛?从仿生学角度,菌群互作又可以给我们带来什么?在量子计算和DNA计算之后,会不会也产生一种依托于不同生态细菌的菌群生物计算?这都是很有意思的研究。

只愿"菌"心似我心,定不负相思意

当你慵懒地躺在家中,享受身心放松状态时,其实你的身体依旧忙碌,每一个细胞在各司其职,完成呼吸、心跳、四肢活动、消化、思考等任务,此外还有与我们共生的大量微生物,也在忙着占位、获取食物、繁衍生息,甚至还能给重要器官"发消息"……

这并不奇怪，在人体皮肤、口腔、呼吸道、胃肠道、女性生殖道，只要是与外界有沟通的部位，都生活着各种各样的微生物，这些微生物的集合我们称之为"菌群"。生活的"区域"不同，菌群之间的成员和功能也有很大差异，对人体的影响也不一样，于是我们按照"皮肤菌群""肠道菌群""生殖道菌群"等把这些微生物进行分类研究。

其中肠道菌群十几年来在科研界一直备受关注，因为其种类多、数量大，还影响着人体70%的免疫功能。能力越大，责任也越大，肠道菌群对人体健康的影响也是最显著的，方方面面来看都应是菌群界的"大哥大"。

"林子大了什么鸟都有，肠子久了什么菌都有。"在肠道菌群这个复杂的"江湖"里，并不都是对人体友好的菌。如果致病菌太多、肠道菌群紊乱，人体就会生病。

除了正常的一日三餐，为了帮助菌群"拨乱反正"，我们可以专门为肠道加上"第四餐"：益生菌、益生元、合生元、后生元，我们认为它们各有所长，对肠道甚至全身健康都能起到非常重要的调节作用。

■ 益生菌

益生菌是为了给肠道菌群引入一支"精英团队"，这些新入伙的益生菌会与我们肠道中原本的菌群互动，进而通过多种机制与人体互相作用，彼此默契配合，产生一系列影响：优化肠道菌群结构、增强肠黏膜屏障功能、双向免疫调节、产生免疫系统信号和神经递质影响其他器官。

常见的益生菌多来自乳酸杆菌和双歧杆菌两大"家族"，家族中不同的菌株成员在能力和特长方面存在或大或小的差异。

■ 益生元

为了让益生菌更好地在肠道完成使命，我们需要益生元，也就是益生菌的"美食"，为有益菌的生长繁殖提供能量。益生元的主要作用是能选择性促进乳酸杆菌和双歧杆菌等有益菌的生长，而且大多数益生元本身就是可溶性膳食纤维，也能从营养代谢方面改善人体健康。

■ 益生菌+益生元=合生元

一种或多种益生菌和益生元同时搭档且能够促进有益菌的富集，就叫作合生元。科学配比的合生元中的益生菌和益生元可以互相促进、发挥出二者的协同作用，达到1+1＞2的效果。

■ 后起之秀：后生元

国际益生菌和益生元科学协会（ISAPP）将后生元定义为"一种对宿主健康有益的无生命微生物和/或其成分的制剂"。简单来说，就是将益生菌放在为其定制的环境中，待菌充分发酵后，将菌及其代谢物灭活封存，其中被科学证实的有益于健康的活性成分就属于"后生元"。

我们认为，益生菌、益生元和后生元，不仅能够改善和维持肠道内的健康，还能通过减少有害菌定植、保护黏膜屏障、调节免疫功能等方面，改善全身健康状态。

马上相逢无纸笔，凭"菌"传语报平安

"轴"是肠道与其他器官双向交流、互相影响的复杂系统，肠道通过与多个器官连接"轴"，影响全身健康，肠道菌群正是其中的"主角"。

■ "肠-脑轴"——肠道与大脑之间的悄悄话

"肠-脑轴"（也可称其为"脑-肠轴"）是肠道和大脑之间双向交流的系统，可以理解为是大脑与肠道互相"打电话、发消息"的方法，其中的信号转导机制非常复杂，包括神经、内分泌、免疫和代谢通路。

肠道菌群可以产生多种神经活性物质，例如我们熟知的 γ-氨基丁酸、多巴胺、5-羟色胺等神经递质，这些物质能够通过肠神经系统和迷走神经影响我们的情绪，并参与构建我们的学习、记忆和认知能力；事实上，90%的5-羟色胺及相

当分量的 γ-氨基丁酸、多巴胺都在肠道中产生。除此之外，肠道菌群的代谢产物如酪胺、色氨酸、短链脂肪酸等也会影响情绪、记忆等大脑功能。

一旦菌群失调，这些神经活性物质的代谢也会大受影响，有研究发现当把焦虑抑郁患者的肠道菌群植入到小鼠体内，小鼠也产生了类焦虑抑郁症状；而当给小鼠补充能够直接或间接帮助产生这些神经活性物质的益生菌时，小鼠的类焦虑抑郁症状得到了极大改善，而相比起同样是通过增加神经活性物质发挥作用的抗焦虑抑郁药物，益生菌可能成为更为精准且副作用更小的干预调节方式。

■ "肠-肝轴"——同甘共苦的消化搭档

"一曲肝肠断，天涯何处觅知音。"肠道和肝脏也好似一对知音密友，这对消化搭档，从起源到日常"工作"都关系紧密，帮我们吸收转化食物中的营养素、消灭致病菌、分解排出有害物质，从而维持身体的健康状态，保护其他组织器官免受伤害并正常发挥功能。

肠道和肝脏二者之间通过门静脉系统相互关联，被称作肠肝循环。肠肝循环的"工作流程"大致是：肝脏分泌胆汁→储存于胆囊→进食后胆汁排入十二指肠帮助消化→肠壁吸收消化物中的营养素、腐败物或毒物→通过门静脉系统→送到肝脏对营养物质加工处理（对有毒物质分解、解毒）→解毒后的代谢产物回到肠内再排出体外。

总结来说，"肠-肝轴"的工作原理就是：肝脏通过门静脉接收来自肠道静脉的血液供应（约70%），肠道菌群代谢产物、淋巴细胞和免疫因子可以通过门静脉持续进入肝脏，影响肝脏免疫功能；肝脏可以通过胆汁分泌和肠肝循环去影响肠道功能；二者在正常或疾病状态下都能够互相影响。

肠黏膜屏障遭破坏、肠道细菌移位，会导致肝脏和循环系统中细菌内毒素（例如脂多糖）升高，在体内多处引起炎症反应，组织细胞受到攻击破坏，将会导致非酒精性脂肪肝、肝炎等肝脏疾病；而肝损伤也会反过来对肠道屏障造成负面影响。所以我们想要养护肝脏，必须重视肠道健康。

■ "肠-脂肪轴"——健康体重，需要从"肠"计议

为什么有的人吃再多也不胖，而有的人吃同样的食物却能体重直升？体型胖瘦受到多个基因的调控，而每天帮你处理食物的肠道菌群，也是养出"易瘦体质"的关键。

健康体型和肥胖体型，两种人群的肠道菌群组成不同，肥胖型个体肠道中有更多的厚壁菌、普雷沃菌、卟啉单胞菌和更少的拟杆菌，这表明特定肠道菌群在能量摄取中的功能作用。此外，肠道菌群会影响能量收集和脂肪储存途径，有研究证据表明菌群在胰岛素抵抗和相关代谢疾病的发展中起直接作用。

其中过度摄入脂肪导致的肥胖会引发一系列代谢病变，如

胰岛素抵抗和Ⅱ型糖尿病、心血管疾病或高血压等；这些慢性病的发生、发展涉及肠-脂肪轴和肠-大脑轴"信息沟通"的严重紊乱。

帮助肠-脂肪轴恢复正常，是改善肥胖和"四高"的开始，改变饮食结构、运动习惯、充足睡眠、选择针对调整"易瘦体质"的合生元产品，都是能逐步改变菌群结构、恢复健康体重的好办法。

■ "肠-皮肤轴"——"攘外必先安内"

肠道与皮肤，一个"主内"一个"主外"，这又是怎么联系的？其实这两个器官有很多相似之处：表面积大、血管密集、神经支配丰富，都能发挥重要的免疫和内分泌作用，并且肠道和皮肤在日常功能上也密不可分，越来越多研究结果表明，二者之间存在着"频繁沟通"。

研究发现常见皮肤病患者，如痤疮、过敏性皮炎患者等，这些人群的肠道菌群都可能会出现紊乱：菌群结构失调、多样性下降、某些特定致病菌比例增加，而常见的人体有益菌，如双歧杆菌、乳酸杆菌等占比则下降。

同时，肠道菌群失调会导致肠壁屏障受损，促进炎症的物质分泌增加，抑制炎症的物质分泌减少，最终促进皮肤炎症的发生，痤疮、泛红、过敏等问题就会经常发生。

科学研究发现：在中-重度痘痘肌人群中，肠道双歧杆菌、乳酸杆菌等有益菌大量减少，促炎的变形菌等数量超标。而要赶走这些促炎菌，多多补充双歧杆菌和乳酸杆菌可能是有效方式之一，益生菌能够帮助体内抗菌、抗炎，从内而外恢复皮肤健康。

■ "肠-肺轴"——各有分工，亦能联手清敌菌

"肠-肺轴"的沟通是通过免疫系统实现的，因为呼吸道、胃肠道都具有典型的黏膜结构，是人体与外界物质交换的场所，同时也是分泌型IgA抗体进行免疫反应的主要场所，研究表明两者之间存在"免疫互助"。

当我们体内有一处黏膜发生病变时，此处的免疫反应可能通过黏膜免疫的途径影响传递至另一处，致使不同黏膜部位产生程度不一的免疫反应，可看作"共享"免疫信号。当肠道接收到相关信息后，会产生大量免疫B细胞，这些免疫细胞向呼吸道和其他效应部位迁移，进行"免疫支援"。

多项研究结果显示，呼吸道组织炎症和感染必然会波及消化道，因为当人体发生呼吸道病毒感染时，同步会出现的还有肠道菌群紊乱，二者黏膜免疫损伤。肠道菌群紊乱表现在乳酸杆菌属的丰度减少，致炎的肠杆菌属的丰度显著增加，这也加剧了对免疫系统的负面影响。

益生菌+益生元，可以调节肠道菌群和肠道内环境，调节免疫力的同时保持了"肠-肺轴"的沟通顺畅，增强肺部抵抗

病原体入侵的能力。

我欲与"菌"相知，长命无绝衰

我们的生活离不开微生物。没有微生物就没有酒、没有酸奶、没有酱油、没有抗生素⋯⋯甚至是让人类变成多细胞生物的合胞素也是病毒说了算。没有微生物就没有人类，人类从生到死，都看得到不同器官菌群的不同变化。

我即我菌，身土不二。作为人类，我们有原子的物质性、基因的有机性、菌群的互利性，也有爱的人性。再过几十年，我们最终会尘归尘、土归土，以热力学第二定律的方式回归世界与微生物共存。希望在回去的那一天，我们经历了物性的神奇，我们感受了菌群的帮助，我们也体会到了人性的可爱。

我们一起研究菌群，研究微生物的意义，就是想让这一份"菌脉"，可以互利健康地永续传递。

Chapter 12

攻防，
你高一尺我一丈

病毒，其实是蛋白质外壳包裹着的一张小纸条，纸条上写满了信息。这些信息有好有坏，可能就是那万分之一的"坏消息"会对生物产生极大的破坏性影响。

病毒"Virus"，在古拉丁语中的意思既是蛇的毒液又是人的精液——既毁灭生命也创造生命。

多细胞生物的诞生，还要归功于内源性逆转录病毒所编码的合胞素，它能将胎盘细胞融合在一起，形成为胚胎发育提供营养和保护的合体滋养层。所以从某种意义上说，没有病毒，多细胞生物（包括人类）就不存在，所以我们千万不要认为人类是万物的灵长。其实，以细菌、病毒为代表的微生物才是这个地球上以"星球化"方式运作的"地球之王"，它们来到地球几十亿年，人类则只有700万年，保持谦卑和敬畏是人类在这个蓝色星球上长久生存的唯一的、正确的哲学之道。

然而，某些情况下病毒会威胁生命。病毒，其实是蛋白质外壳包裹着的一张小纸条，纸条上写满了信息。这些信息有好有坏，可能就是那万分之一的"坏消息"会对生物产生极大的破坏性影响。病毒感染后，这个蛋白质包裹着的小纸条会找到人类细胞，像万能钥匙解锁一样，把自己的遗传物质注入进去，开始在细胞中复制。细胞就好比一个重工厂，病毒进入后开始制造自己的"飞机大炮"，消耗完一个细胞的能量后，就扩散到下一个细胞中继续复制。

总体来说，病毒跨越了无机和有机，介于生命和非生命之间，就像万千生命森林中的蜜蜂，传递着信息，嫁接着基因，利用着太阳的能量和地球的资源，创造出生物圈。所以我们和病毒之间的关系应该是"相看两不厌"的和谐共生。

病毒的"智商"不同

我们先来讨论"最笨的病毒"。最笨的病毒我称其为"智障病毒"，它的特点是低感染、高致死。典型代表就是狂犬病毒，致死率接近100%，但感染率很低，这样的病毒最后很可能会被消灭，并不会获得与人类共生的好机会。

比它聪明一点的病毒，我称其为"笨蛋病毒"，高感染、高致死，这样的病毒虽传播得很快，但它的"反叛之心"会被人类很早地遏制住。典型的代表是2003年的SARS病毒，根据记录，当时有8000多人感染，致死率大约10%。

更聪明的病毒往往是"高感染、低致死"，甚至可以和人类共生，典型的代表就是普通流感病毒。几乎每个人都会感染流感病毒，但大概99.9%的人都不会因其致死，似乎流感病毒和人类已经达成了一致的意见：有你就有我，咱们一起往前走。

近几年人人关注的新冠病毒属于哪一个阶段呢？

目前学术界就新冠病毒渐渐达成共识：它会逐步"流感化"（至少对中青年群体），其传播性或许会更强，但是相对来说，毒性或者危重致死率都会减弱。

大多数病毒基本上是以核酸为遗传物质（朊病毒是例外，比如属于朊病毒的疯牛病毒，是一种没有核酸的感染性致病因子），其中分为两种——DNA病毒和RNA病毒。

DNA病毒，是双链结构，相对比较稳定，乙型肝炎病毒就是一种DNA病毒。因为DNA病毒是互相结合在一起的两条链，样子像一条"麻花"，所以其变异性有矫正机制，我称其为"成家了就不能随便浪"。

而流感病毒和新冠病毒都是RNA病毒，遗传物质只有刚才那条"麻花"的一半，是一个"单身"的病毒，所以它们非常容易发生变异，这就是为什么流感病毒有许多种型别。

新冠病毒大约有3万个碱基，流感病毒只有1.4万个碱基，人类有30亿个碱基对。并不是碱基数越多就越厉害，人类拥有30亿个碱基对，一样可以被只有几万个碱基的病毒感染得"天下大乱"。有3万个碱基的新冠病毒可以说是已知的"RNA病毒之王"，如果链条再长就不能维持病毒结构的稳定性，病毒碱基数越多，意味着产生各种各样特质的可能就越多，从这个意义上讲，新冠病毒还是很强大的。

提到病毒，就不得不说"死亡率"这个概念，虽然这是一个很简单的数学问题，但这一概念经常被误用或误解。

先厘清两个概念，"病死率"（case fatality rate）和"死亡率"（deathrate）并不是一个概念。计算公式如下：

病死率＝某时期内因某病死亡人数／同期患某病的病人数×100%

死亡率＝某时期内（因某病或某群体）死亡总数／同期平均人口数×100%（根据需要换算为千分比到百万分比）

病死率一般用于急性传染病，描述某种特定疾病的严重程度；而死亡率较多用于人口学中，指某时间死于某病的频率，比如新生儿死亡率（一般用千分之几），肿瘤死亡率（一般用十万分之几）。

举个例子，狂犬病病死率多少呢？接近100%（基本上一旦发作就会导致死亡）。所以病死率的数值一般比较大，最高可以是100%；但死亡率的分母基数比较大，数值一般比较小，一般在千分之几到百万分之几之间。如果说新冠肺炎死亡率百分之几，严格意义上，这里说的是新冠肺炎病死率，因新冠病毒感染导致的死亡占总感染人数的比例。

生命的"保护伞"——疫苗

疫苗是让人体的免疫系统进行"军事演习"的"假病毒"，通过"军事演习"来训练人类的免疫系统，使之产生保护力，又不至于让人生病。

不管接种哪一种疫苗，目的都是希望能够获得体液免疫和细胞免疫，其中细胞免疫的保护作用会更好。反之，如果想要疫苗有更好的免疫效果，就可能会有更强的免疫反应。

产生体液免疫的B细胞就像"弓箭兵"，主打"远程攻击"，通过分泌抗体与病毒结合，再被免疫细胞吞噬。产生细胞免疫的T细胞则是主打"近身攻击"的战士，它比病毒大很多，会追着病毒跑，披坚执锐直到把病毒吞噬掉。

如今已经上市的疫苗，主要有以下几种：

第一种是大家比较熟悉的灭活疫苗，在P3实验室里养一堆病毒，先杀死再提纯，再装到每一个注射剂里。目前，中国已经批准上市的新冠灭活疫苗有：国药中生、科兴中维、康泰生物、医科院生物所。

跟灭活疫苗对应的还有一种叫减毒活疫苗，在P3实验室里养一堆病毒，杀成半死，即保留一定的、不能感染人的活性。目前尚无这类新冠疫苗。在呼吸道病毒当中，最成功的减毒活疫苗之一是麻疹减毒活疫苗。

第三种是重组蛋白疫苗，将最有效的抗原成分通过基因工程的方法制作成疫苗，通过一段病毒的蛋白诱导免疫。相当于不生产完整的病毒，而是单独生产很多新冠病毒的关键部位"钥匙"，并将其交给人体免疫系统认识。智飞生物的新冠疫苗就属于此类。

第四种是病毒载体疫苗，是通过改造其他的病毒，比如改造腺病毒，用腺病毒搭载新冠病毒核酸片段，将其高效地送到细胞内表达抗原，康希诺应用的就是此技术。

第五种是核酸疫苗，有mRNA疫苗和DNA疫苗，新冠疫苗采用的是mRNA疫苗，目前使用比较多的是Moderna和BioNTech/辉瑞，主要在西方国家上市。

从1885年法国科学家路易斯·巴斯德（Louis Pasteur）发明狂犬疫苗以后的100多年来，人类就逐渐用不同的技术手段制备出了各种各样的疫苗。

对病毒和疫苗有了基本了解之后，我们来了解几种重要的病毒。

■ 艾滋病病毒

艾滋病最早出现在非洲原始丛林的猿类身上，据说，一些非洲土著迷信猴血有神奇疗效，就尝试把猴血注入人体，猴身上的艾滋病病毒由此传染到人类身上。到了20世纪80年代，艾滋病从非洲传播到北美，然后又从美国扩散到全球各地。1985年，一位到中国旅游的外籍人士患病死亡，后被证实死于艾滋病，这是我国发现的首例艾滋病病例。

艾滋病病毒入侵人体后，会破坏人体的免疫细胞，使人体受到各种疾病的侵害，最终死亡。换句话说，艾滋病病毒（HIV）本身并不致命，但它破坏了人体的免疫力，使人体因无法抵御各种疾病的侵袭而死亡。

HIV结构示意图

艾滋病病毒的传播途径主要有三种：性行为、血液和母婴传播。除此之外，正常生活接触并不容易传播艾滋病，比如飞沫、蚊虫叮咬等都不会传播艾滋病，因此与艾滋病人的正常接触、拥抱、同桌用餐等都不会被感染。

需要说明的是，HIV感染并不代表已经患了艾滋病，有的人在感染HIV的二到四周的窗口期会发病，出现所谓的急性感染症状；也有的患者在感染HIV后长达数年的时间内都没有出现任何不适。

感染早期患者如果能够坚持服药，会抑制病毒的繁殖，保持免疫系统的平衡，并可以将它的传染可能性降低96%。如果患者能够坚持长期服药，则有可能将艾滋病变成一种慢性疾病，他们的生活质量和寿命与正常人的差异其实并不大。

多年来，科学家们为了控制艾滋病，尝试了各种新型疗法。目前控制艾滋病最有效的方法是"鸡尾酒疗法"，就是通过联合使用三种或三种以上的抗病毒药物治疗艾滋病，这样可以减少单一用药产生的抗药性，最大限度地抑制病毒复制。可供选择的药物越多，组合的方法也就越多。这种疗法的发明者是华裔科学家何大一，他曾在1996年被《时代》周刊评为年度风云人物。1991年公布患有艾滋病的NBA篮球运动员埃尔文·约翰逊（Earvin Johnson），就是鸡尾酒疗法的受益者，至今仍然健在，已与艾滋病病毒共存了30年。但即使是鸡尾酒疗法，也只能延缓病程进展，延长患者生命，并不能彻底治愈艾滋病。而且每年的治疗费用高达一万美元以上，这也会将很多患者拒之门外。

然而，到了2007年，一位艾滋病患者竟然奇迹般地被治愈了。这位奇迹患者是美国人，名叫蒂莫西·雷·布朗（Timothy Ray Brown），他曾是一名艾滋病患者，后来又祸不单行地患上了白血病。但令人惊奇的是，他在德国柏林接受骨髓移植治疗白血病后，他的艾滋病居然也同时痊愈了。这是全球已知的第一例艾滋病被确认治愈的病例，并根据治疗地点被命名为"柏林病人"。2008年《自然》和《新英格兰医学杂志》（NEJM）都报道了此事。

这个医学奇迹的关键，在于给布朗捐赠骨髓的捐赠者。这名捐赠者天生携带CCR5基因突变。CCR5是HIV-1病毒入侵人体细胞的受体，携带这种突变的人，艾滋病病毒无法攻击他们的免疫细胞。也就是说，他们天生对艾滋病病毒是免疫的。为布朗实施手术的医生，就是因为考虑到布朗同时患有白血病和艾滋病这两种疾病，决定给他换上携带CCR5基因突变骨髓细胞，一举两得，同时治疗两种疾病。

在接受骨髓移植前，布朗先接受了化疗，把他体内原有的免疫细胞杀死，因为这些免疫细胞中含有休眠期的艾滋病病毒。化疗杀死了这些已受到感染的免疫细胞，有助于彻底清除布朗体内的艾滋病病毒。此时，布朗自身已经没有免疫细胞了，医生再给他移植捐赠者携带CCR5基因突变的骨髓细胞，等于把他自身的免疫细胞全部替换为CCR5基因突变的免疫细胞。这样，他体内的免疫细胞就不能被艾滋病病毒攻击，病毒也就无法侵入免疫细胞增殖自己，无法对人体造成伤害。

虽然这种疗法能让布朗同时治愈白血病和艾滋病，但并不适用于所有患有这两种疾病的病人。第一，世界上携带CCR5基因突变的人只是极少数，这个突变只发生在白人身上，突变者的比例大概只有1%，而且就算找到携带突变的人，骨髓配型也未必成功；第二，在骨髓移植前，必须先用化疗杀死患者自身携带病毒的免疫细胞，这样的化疗对人体伤害很大，甚至可能造成死亡。

后来也有医生尝试用同样的疗法治疗这样的患者，但还是失败了。直到2019年，第二例艾滋病治愈案例出现，我们称之为"伦敦病人"。这位患者在2003年感染了艾滋病，2012年患上了霍奇金淋巴瘤。医生们就想在这位患者身上复制"柏林病人"的奇迹。非常幸运的是，他们也找到了CCR5基因突变的骨髓样本，用同样的方法治愈了艾滋病。

为什么携带CCR5基因突变的人就不会感染艾滋病？这要从CCR5的功能说起。CCR5基因能合成CCR5蛋白。艾滋病病毒入侵人类免疫细胞的过程中，需要首先与免疫细胞表面的一些受体蛋白结合，才能进入免疫细胞，CCR5蛋白就是这些受体蛋白的其中之一。CCR5基因突变者的CCR5蛋白长度比普通人的短了一截，不能被艾滋病病毒正常识别、结合，艾滋病病毒也无从进入免疫细胞，无法感染这些人。

此外，CCR5蛋白也是其他多种病毒和细菌侵入人体细胞必需的受体蛋白。所以，CCR5基因突变者除了艾滋病病毒，还对很多病毒和细菌也有免疫力。

但先天携带CCR5基因突变的人非常少，而且几乎都是白人，尤其以高加索人种携带CCR5基因突变的比例最高。而亚非人种几乎没有这样的基因突变。也就是说，这些不会感染艾滋病的幸运儿几乎都是白人，黑人和黄种人就不会这么好运了。有科学家猜测，欧洲曾多次暴发天花、鼠疫等致死性流行病，而携带 CCR5 基因突变的欧洲人对这些疾病免疫，便可以在瘟疫中幸免于难。经过多次瘟疫的自然选择之后，欧洲人中携带这种基因突变的人的比例就比其他人种更高了。

既然天生携带 CCR5 基因突变的人这么少，那能不能采用基因工程的办法，改造艾滋病患者的 CCR5 基因，达到治疗艾滋病的目的？

这个思路是可行的。解放军 307 医院和北京大学的研究团队就通过 CRISPR 基因编辑技术，对造血祖细胞的 CCR5 基因进行编辑，然后把改造后的造血祖细胞移植到小鼠体内，让这些细胞在小鼠体内分化为免疫细胞。这种 CCR5 基因突变的免疫细胞能有效防止艾滋病病毒感染。这个研究成果被发表在 2017 年 8 月 2 日的《分子治疗》(*Molecular Therapy*) 期刊上。这是首次利用 CRISPR 技术在动物模型中成功地让细胞发生持续长时间的 CCR5 突变。

等将来这项技术成熟了，便可以用它来治疗艾滋病，利用基因编辑技术，对艾滋病患者造血干细胞的 CCR5 基因进行编辑，再输回患者体内，从而防止艾滋病病毒侵染免疫细胞。

生命科学的进步一次又一次给了我们希望，第三例治愈病人的出现，给艾滋病治愈提供了新的思路。

美国时间2022年2月15日，加州大学洛杉矶分校的相关研究者报告了第三例奇迹的发生，患者是一名2013年感染艾滋病的纽约中年女性，我们称为"纽约病人"。这位病人确诊时还处在感染的早期阶段，及时的治疗使她体内的病毒载量被快速控制。2017年，她被诊断出白血病，也需要进行干细胞移植。医生就通过和前两例相同的方法，使得其免疫系统对HIV免疫。37个月后，该患者停止了所有抗HIV的治疗，体内也连续14个月没有检测出HIV的踪迹。

　　但与前两例治愈案例不同，这是首位女性艾滋病治愈患者，而且她所移植的干细胞经过了类似"鸡尾酒疗法"的处理。这个干细胞一份来自她亲人的骨髓，一份来自血库的脐带血，而这份脐带血样本刚好携带了CCR5基因突变，就这样，这份"鸡尾酒干细胞"能够顺利接管免疫系统，对抗HIV病毒。

　　另外，科学家还发现，CCR5并不是唯一一个可以抵抗艾滋病毒的基因。还有一个名叫APOBEC3的基因家族，能够产生抗逆转录酶，阻止艾滋病病毒的复制。也许在将来，这个基因家族也能成为艾滋病的治疗靶点。

　　这些方法都为医学与基因研究带来新的灵感。截至成稿，全球至少有5例被治愈的艾滋病病毒感染者。人类和艾滋病病毒的博弈还在继续，人类对抗艾滋病还有很长的路要走。但我相信，只有我们人类有"爱"，才能携手共创一个没有"艾"的未来。

■ 新冠病毒

新冠病毒是RNA病毒之王，它是RNA病毒目前已知的基因组最大的病毒。新冠病毒有3万个碱基，而且3万碱基是我们目前已知最多的RNA病毒碱基数。

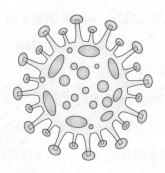

新冠病毒约有30000个碱基，是已知的RNA病毒之王

所以，在RNA病毒中，新冠病毒各方面的攻击、防守、智慧能力都更强，它的可能性更多，也更复杂。

每一代冠状病毒入侵细胞破门的方式不一样，用武器来比喻，SARS病毒侵袭的时候，它可能手握的是一个斧头，新冠病毒则带了把电钻，而奥密克戎变异株则直接发射了火箭炮，所以它的传染性更强。

提到病毒，就需要知道一个概念——基本传染数（R0），它的意思是假设每天传一代，第一天感染了一个人，第二天感染了两个人，那R0就等于2，按此计算，第三天就会感染4个人。以这个速度一直往前去推，如果R0等于3，把全世界80亿人感染需要多久？在没有任何防护措施下，答案是：不到一个月，全世界就都会被感染。所以从这个意义上讲，R0每提高一个点，传染力就会呈指数级上涨。

新冠德尔塔株的R0已经达到了5~7，新冠病毒奥密克戎株及其最新的变异株达到了9~11或者更高。

新冠病毒变异非常迅速，已经从原始株、阿尔法株、贝塔株、伽马株、德尔塔株到本书成书时闹腾正欢的奥密克戎株。

2022年初以来，奥密克戎毒株及其亚型来势汹汹，比较常见的是BA.1、BA.1.1和BA.2。它们的基因序列、刺突蛋白有一定差别，常规的检测很难将BA.2与其他亚型区分开，所以BA.2又被称为"隐形版"奥密克戎。

Our World in Data网站统计的数据显示，2022年2月中旬开始，绝大部分国家或地区的被感染患者中，被奥密克戎感染的占比超过了98%，很多国家甚至达到了100%，奥密克戎已经远远超越了其他毒株，成为"绝对的王者"。而如何应对奥密克戎的影响，也是当前全球防疫工作面临的最主要问题。

英国卫生安全局在2022年1月公布的数据显示，对于未接种新冠疫苗的人群来说，感染奥密克戎的病死率最高可达21.3%，而打了第三针的人群，病死率低至0.0006%。40~49

岁年龄组未接种疫苗人群的病死率是完全接种疫苗人群的200倍，是接种两针疫苗人群的67倍。可见打疫苗还是非常有用的，且第三针非常有必要。纵向来看，不管接种几针疫苗，病死率都呈现随着年龄增长而增长的趋势，即便接种了两针疫苗，80岁以上高龄人群的病死率也超过了11%，但随着接种剂次的增加，病死率还是有明显下降的。单纯从数据统计的角度来说，接种疫苗对高龄人群预防因病死亡的效果最好，社会应提高高龄人群新冠疫苗接种率，并及时接种加强针。

然而，需要强调的是，即便群体感染的百分数再小，一旦个体遇上都是百分之百。面对传染疾病，谁也不能保证自己绝对不会被感染，任何人都不应该心存侥幸。而疫苗不只是降低群体的病死率，更是为每个鲜活的生命撑起了一把保护伞。

提到新冠病毒，就不得不提到抗原检测与核酸检测。什么是抗原检测？抗原检测与核酸检测有什么区别？

核酸检测其实是通过基因测序来检验是否存在新冠病毒的RNA序列，以此来判断是否被感染。而抗原检测是检测病毒的蛋白质外壳。

首先我们需要了解病毒感染过程、相关标识物的变化以及对应的检测手段。

一般来讲，如果病毒刚刚侵染人体，最先能检测到的就是它的核酸，因为只要被感染，病毒核酸就会被降解并释放在体内。从被感染到出现症状大约两三周之后，属于核酸检测有效的范围。

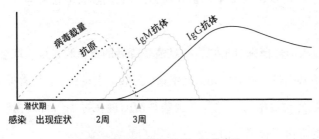

新冠病毒感染时间与抗原、抗体变化

　　抗原检测一般用于已经出现症状之后的检查。从上图可以看出，在从感染到发生症状这段潜伏期，抗原检测效果不大，主要靠核酸检测来筛查。

　　那么什么时候会产生抗体呢？抗体一般出现在抗原产生之后，有了抗原，人体才会相应地产生抗体。人类面对新冠病毒感染，会有两种抗体：应急性抗体IgM抗体和另一种长效抗体IgG抗体（含具备保护性的中和抗体，但并非所有病毒都会产生中和抗体）。一般我们疫苗产生的抗体是IgG抗体。

　　所以综合来看，我们在第一个阶段会用核酸检测，接下来是抗原检测，而如果是无症状、接种过疫苗、感染过新冠病毒的情况，我们则会进行抗体检测。但国家有关部门提示，自用版抗原检测不能够代替核酸检测，当检测结果有冲突时，要以核酸检测为准。

　　新冠病毒可以变得越来越"温和"吗？

这可能是历史上第一次，几十亿群体的人类与病毒之间的互作。很多病毒学家也都在洞若观火地思考新冠病毒下一步会怎么样。

人的恐惧来自未知，一旦清楚背后的逻辑和发展，就会觉得不必太过担心。疫苗、抗生素、公共卫生运动、疫情管控等，都是公共卫生的一部分，这些举措的确在过去一百年内让人类的寿命延长了一倍。

人类历史中，很少会通过密切的基因测序、大规模核酸检测、不停地开发疫苗和药物来对抗一种病毒。这也是人类历史上，第一次对病毒有如此清晰、全面的认识。

从这个意义上讲，疫苗、特效药固然是控制新冠病毒非常重要的选项之一，但除此以外，还要看新冠病毒通过在全世界范围多次突变后，能不能最终突变成一种像普通流感水平的、致死率可能在万分之一的病毒。

新冠病毒会越变越温和的期待能否实现，可能还需要一些时间才能下定论。

Chapter 13

测序，
生命天书终破译

———

我们今天所说的"精准医学"离不开基因测序技术，如出生缺陷的筛查与诊断、传染病的检测、慢性病的防控以及罕见病的精准诊断。

了解基因检测，就不得不提到生命天书解密方法的发明者——弗雷德里克·桑格。

　　假如没有桑格的研究，就不会有第一代乃至后来新一代高通量基因测序仪的出现，也不会有"20世纪三大科学计划"之一"人类基因组计划"的开展，Google创始人谢尔盖·布林（Sergey Brin）不会发现自己有罹患帕金森氏综合征基因，安吉丽娜·朱莉（Angelina Jolie）不会得知自己有罹患乳腺癌的基因，更不会有现在的精准检测、精准治疗，自主测序平台9.99元/G的亲民服务可能会迟来半个世纪……

　　桑格是谁？有什么研究贡献？有哪些神奇经历？

　　他的一生可以总结为：幼年生活富足，一辈子只做了两三个课题，更没有任何行政职务，甚至不是教授，发表的文章影响因子都不高，却两度获得诺贝尔化学奖，晚年种花种草种出了一个旅游景点，于2013年在熟睡中离我们而去。

　　1918年，桑格出生于英国，父亲是一名医生，母亲是富家千金，妥妥的"富二代"。桑格从小接受良好的教育，原本想跟随父亲从医，但进入剑桥大学后，发现自己对生物化学兴趣浓厚，加之当时剑桥拥有诸多生物化学先驱，从此便开始了他的生物化学科研生涯。

弗雷德里克·桑格
〔图片来源: National Library of Medicine〕

1944年，桑格在剑桥取得化学专业的博士学位，留校跟随正在研究胰岛素的生物化学教授开始了博士后研究——在地下室里紧挨着气味熏人的小白鼠笼，专注于氨基酸排序的工作。

环境差、没工资，但他丝毫不在意，反而乐在其中。

这份工作似乎听起来相当简单。可是，在当时，人们只知道蛋白质是由氨基酸排列构成的生物大分子，但是对于氨基酸如何排列构成蛋白质的研究尚未开展。

我们的电话号码通常有11位，由0~9排列组成，所有的排列组合共有900亿种。研究氨基酸排列问题的难度不言而喻，桑格一干就是10年。

在这里，桑格用自己发明的"桑格试剂"——2,4-二硝基氟苯（DNFB）化学试剂，把胰岛素中的长肽链分解成只含有2～3个氨基酸的短肽链。随后，再通过电泳等方法确定每个短肽链的头和尾的氨基酸次序。这还没完，桑格还要将测序好的短肽链重新拼凑回原来的长链，以最终确定整个胰岛素的氨基酸序列。这样巨大的工作量好比把拼接完整的"哆啦A梦"乐高积木拆开打乱，之后蒙着眼睛恢复原状。

这10多年里，桑格每天"拆解—测序—拼接"无限循环。

1951年，桑格终于在这种无限循环中得到了收获——胰岛素是由两个长肽链构成的，酸性A链与碱性B链。一年后，他又研究清楚了A、B链上所有氨基酸的排列顺序。

1955年，历经11年桑格完成了胰岛素测序研究工作，并将牛胰岛素的详细结构公之于众，在《生物化学期刊》（*Biochemical Journal*）上发表了论文"The amide groups of insulin"，为人们打开了认识蛋白质、认识生命的第一道大门，也为1965年人工合成结晶牛胰岛素提供了可能性。

1958年，桑格凭借对胰岛素结构的精确解析获得了诺贝尔化学奖。

获得诺贝尔奖后，一连串的头衔、荣誉、采访接踵而至，不过桑格并不感兴趣，唯一感兴趣的就是升级实验室潜心搞科研。他谦逊地总结说："我只是个一辈子在实验室里瞎胡混的家伙。"

在测序蛋白质的时候总是涉及DNA测序问题，他便开始寻找DNA测序方法，久而久之他对此产生了浓厚兴趣。

当时沃森和克里克已经发现了DNA的双螺旋结构，但是人们对结构上的核苷酸排列顺序知之甚少，难度也比研究胰岛素的氨基酸排序更为繁琐复杂。

桑格又开始了"拆解—测序—拼接"的无限循环游戏。

他在研究笔记上写得最多的结论是："这个方案就是浪费时间……得从头再来。"

桑格一心探索核酸测序方法，于1970年在 *Biochemical Society Symposium*（英国生物化学学会的期刊）发表了RNA测序相关研究论文 "Methods for determining sequences in RNA"。

这里又要提到吴瑞。吴瑞早在1968年就发表了第一篇相关论文，测定了DNA的碱基组成，但没有测定序列，接着又在1970年的文章内既测定了DNA碱基组成又测定出碱基顺序，是真正的DNA测序第一人。

桑格在吴瑞先生工作的启发下，改进研究思路，终于在1977年，以"DNA测序之父"吴瑞开创的破解基因密码的"引物延伸法"为基础，发明了基因测序的"双脱氧链终止法（桑格法）"，并因此获得1980年的诺贝尔化学奖。

桑格法的原理催生了第一代测序技术乃至后来的高通量、单细胞等测序技术，成就了生命科学史上具有划时代意义的"人类基因组计划",更将"基因测序""遗传病筛查""时空组学"等生物学术语带入了大众的视野。

之后基因测序就进入了快速推进时期：

1990年，人类基因组计划启动；

1995年，第一次得到完整的细菌基因组：嗜血流感菌；

1996年，第一次得到完整的真核生物基因组：酿酒酵母；

2001年，人类基因组计划工作草图发表；

2005年，Roche发布第一台高通量测序仪：454 GS20；

2006年，Illumina发布高通量测序仪Genetic Analyzer 2；

2008年，人类微生物组计划启动；

2011年，PacBio公司发布首台单分子测序仪；

2014年，ONT公司发布纳米孔单分子测序；

2015年，华大发布真正意义上的国产高通量测序仪BGISEQ-500；

2017年，华大智造公布高通量测序系统MGISEQ-2000及MGISEQ-200；

2019年，华大智造公布测序仪MGISEQ-T7；

2022年，华大时空组学技术多篇成果发表，首次实现了细胞内DNA的空间定位，这一超高分辨率的成像技术使得DNA的工作状态一览无余。

可以看出，2015年之前，中国基因测序基本以进口为主，而近几年基因测序技术、测序设备和试剂、配套系统和生物分析软件都进行了国产化，中国测序技术开始跻身前列。

现在，基于高通量智能测序平台，测序成本不断降低，吃个汉堡的价格就能做1G基因测序，这在12年前是无法想象的，当时1个G数据的测序价格是17万人民币。这个过程离不开桑格等诸多前辈科学家们毕生的学术钻研，也离不开当代科学家和工程师们的不断创新。

人类基因组计划

在生命科学飞速发展的今天，我们愈发清晰地看到生命科学对人类未来的影响。纵观生命科学发展的里程碑事件，我认为最具"革命性"的当属人类基因组计划（Human Genome Project, HGP）。

启动于20世纪90年代的人类基因组计划与曼哈顿原子弹计划、阿波罗登月计划并称为"20世纪三大科学计划"。然而这一历史性的项目在最初的时候并非一帆风顺。

自1953年沃森和克里克共同发现DNA双螺旋结构后，分子遗传学和基因组学诞生了，并在之后的数十年里飞速发展。

人类基因组计划标志

到了20世纪70年代，人类基因组的研究已经具有一定的雏形。20世纪80年代，关于基因组的研究已在许多国家形成一定规模。于是一些顶尖的科学家便开始琢磨破译人类全部遗传信息，开始有了做"人类基因组计划"的设想。

1985年，美国能源部提出"人类基因组计划"草案，但因为项目规模过于庞大，涉及的方面不仅限于科学和技术，还事关社会、经济，当时的政府、科学界与社会各界都有不少反对的声音："用30亿美元搞人类基因组序列？这个计划听起来就没有实际意义，这分明是拿纳税人的钱开玩笑！"而且当时连现代化测序仪器的影子都还没有，想在2005年完成这个计划简直是天方夜谭。

但支持此计划的科学家们依然不放弃，使尽浑身解数到处游说、演讲，进行各式各样的科普宣传。其中就有诺贝尔奖得主雷纳托·杜尔贝科（Renato Dulbecco）。1986年，他在《科学》杂志撰文回顾肿瘤研究的进展，用了大家今天熟知的"拐点"一词，指出了解癌症的最好办法就是分析人类基因组，而不能仅依靠目前的技术。

在一众科学家的努力下，1990年10月1日，人类基因组计划正式启动，总体计划在15年内投入至少30亿美元进行人类全基因组的分析，随后英、日、法、德、中相继加入。

人类基因组计划在中国的启动同样坎坷。有相关学术背景的科学家们做了大量前期铺垫和科普工作才让中国顺利加入此项计划。

1994年，中国人类基因组计划在杨焕明、吴旻、强伯勤、陈竺的倡导下发起。

1997年11月20日，中国遗传学会青年委员会第一次会议在张家界召开。在这次会议上，汪建、杨焕明、于军等几位科学家商量要加入人类基因组计划，推动中国基因组科学的发展。

这几位自称"四十不惑、学有所成、家中殷实、有理想有抱负"的科学家齐聚北京。他们拿出了自己的全部身家共200多万元，购买了一台测序仪。

他们的想法得到了中科院领导和国家南、北方基因组中心同行的支持，进而得到了国际主流科学家的支持。在中科院遗传所的大力支持下，他们在1998年8月成立了中科院遗传所人类基因组中心，并向美国国立卫生研究院提出了加入人类基因组计划的申请。

1999年7月8日，国际人类基因组计划网站公布了"中国承担总测序量1%"的消息。中国的具体分工是3号染色体短臂端粒一侧约30厘米区域的测序、组装和注释任务，约占整个人类基因组测序和注释工作的1%（30亿碱基对中的3千万对碱基的排序工作），因此又被称为"1%计划"。继美、英、日、法、德之后，中国成了人类基因组计划的第六个参与国，也是其中唯一一个发展中国家。

在中国"开干"之际，人类基因组计划已经接近第二阶段的尾声。

据日本科学家对人类基因组计划的回顾，人类基因组计划三个阶段性的发展，给生命科学和生物科技带来"革命性"的影响。

人类基因组计划的第一阶段（1990～1995年）主要集中于基因组图谱的构建，极大地促进了广泛的基因组科学的发展，包括人类和实验生物的功能分析、基因组研究技术开发和生物信息学，成功构建并发展了一个良好的基因组科学平台。

在人类基因组计划的第二阶段（1996～2000年），研究工作集中在人类基因组的测序上。在此阶段，测序技术发生了巨大的变化。

到了最后阶段（2001～2003年），经过国际上一个染色体测序联盟的努力，最终得以最高质量完成了人类染色体的测序。2003年4月14日，国际研究小组终于宣布人类基因组测序基本完成，这一里程碑式的成就注定载入科学技术史和人类历史。而所谓基本完成，是因为技术限制还留下了8%尚未解决的复杂序列，而为了解决这8%则又花费了18年。2022年4月1日，《科学》杂志以特刊形式发表了端粒到端粒（T2T）联盟的研究成果，实现了人类所有22条常染色体和X染色体的无缝组装，人类终于获得了一份自身"完美"的基因组，可谓终成正果。

诺贝尔博物馆陈列了一份收藏品：一把一米的折尺丈量人类工业-信息时代文明史。从伏特把电池介绍给拿破仑，到人类基因组计划，时间跨越了200年。而中国在这把尺中，因为参与人类基因组而有了"0.5厘米之地"。

在中华世纪坛，其内的青铜甬道记录着中华上下五千年的大事，其中最后一阶梯赫然记录："公元2000年，我国科学家成功破译人类3号染色体部分遗传密码"，"1%计划"得以留驻史册。

人类基因组计划的完成开启了"生命科学新时代"，其确立的"共有、共为、共享"思想也奠定了后续基因组科学研究"天下为公"的精神。而在此发展过程中建立起来的基因组学、蛋白质组学、生物信息学、合成生物学等组学技术对生物相关学科和产业起到巨大的推动作用，有关生命科学的新兴技术和生物产业如雨后春笋般涌现，以基因测序为代表的中国生物科技也从追赶到并跑再到逐步引领。

人类基因组计划耗时13年，能顺利完成离不开6国的通力合作，它对科学进步和人文精神都带来重要影响。

华大基因的"生命周期表计划"也属于基因测序的范畴，旨在通过基因测序对物种进行数据挖掘，发现隐藏在数据背后的规律，最终实现"数字化动植物、数字化地球"的目标。"生命周期表计划"就像在"集邮"，记录下每一个物种的基因印记，其中，中国科研机构的贡献至少有30%，在"元素周期表"中中国只贡献了2个元素——锌和砷,所以对"生命周期表"的积极参与是中国科研在国际上迈出的一大步。目前,该项目已经与国内多家动物园、科研机构、生态保护区、公益机构建立合作关系,有超过数千个物种在进行基因组测序,将会推动这些物种的基因组分析和相关知识普及,陆续转化为科普、教育和公益成果,让人们能够更多地了解、保护这些地球上生存的动物朋友。

人类基因组计划最直接、最深远的影响,就在于它揭示了人类生命的奥秘,为防病治病、提高人类健康水平起到了关键性的作用。我们今天所说的"精准医学"就离不开基因测序技术,如出生缺陷的筛查与诊断、传染病的检测、慢性病的防控以及罕见病的精准诊断。

除了医学外,有关健康的很多检测也建立在基因测序的成果之上,例如平衡感、爆发力、耐缺氧能力、代谢能力、身份辨识、亲子鉴定等。今天大家耳熟能详的核酸检测,其实也是一种基因检测——从鼻咽处取出一些上皮细胞,通过鱼饵钓鱼一样的方式,尝试"钓取"新冠病毒的序列,如果钓到了这段序列,则证明感染了病毒。基因检测还广泛用于祖源分析、司法物证检测等方面。

从最早提出人类基因组计划,至今已经过去了30年。而一个人全基因组测序的成本,也从38亿美元下降到了200美元以下的水平,这正是生命科学工程所带来的福祉,肯定了先行者们的远见。

　　换个角度去理解，我们国家如果想把精准医学的关口前移，从看病转向关注人民健康，可能就需要把今天的很多医疗行为、很多影响人民生命健康的重大疾病的防治方式，从以治疗为中心转化为以预防和健康为中心，将早筛、早防、早治作为重点。从人人可及的基因检测切入，应该能收到事半功倍的效果。

Chapter 14

伦理，
基因操控面面观

绝大部分的新兴技术，都是我们所谓的
"两用技术"，"一念成佛、一念成魔"，它
就像一把菜刀——这个刀该不该磨得很快
呢？那要看你如何利用它。黑夜给了我们
黑色的眼睛，我们却要用它去寻找光明。

人类天然对未知的事物感到恐惧。除测序与检测外，基因操控相关技术的发展也值得关注。人工地、有目的地对基因进行干预的技术都属于基因操控技术，目前发展较快、应用较多的是转基因技术、基因编辑技术、合成生物学技术以及基因改造技术。

换个角度理解，何谓"天然"？我们一般语境的天然，是指农业社会和工业革命对比的结果。但地球原本没有人类，没有多细胞生物，甚至没有生命。所以农业社会相比于"狩猎+采集"的原始社会，那也是非常的"不天然"。从万年前的农业社会开始，人类就已经在不"天然"地选育各种物种，比如水稻、玉米、小麦凭啥要一年生？比如瓜果蔬菜凭啥要长这么大的果？比如马牛羊鸡犬豕凭啥要性格温顺？这个时候已经在做各种不精准的"基因操控"。纯"天然"饮食的原始社会的人均预期寿命不足20岁，而今天全球人均预期寿命已经超过70岁，故"天然"和健康并不完全等同。人类种群之所以布满全球，健康条件和预期寿命大幅提升，归根结底是因科技提升而实现的。

当然，我们不能唯技术论，而忽略了技术向善这一根本。没有科技的人文可能是愚昧的，但没有人文的科技一定是危险的。

转基因技术

说起基因，不能不说也不得不说转基因。这恐怕是争议最大、误区最多，却也是应用最广的一种基因操控技术了。根据美国农业部国家农业统计局公布的数据，2021年美国累计种植转基因作物7500万公顷以上，接近全球转基因作物种植面积的40%，其中大豆种植面积中有95%为转基因，玉米达到93%，棉花有97%，而油菜和甜菜接近100%。中国目前是全球仅次于美国的转基因作物消费国，虽然目前中国允许种植的转基因作物仅有棉花和木瓜，但允许包括大豆、玉米、菜籽、甜菜和棉花在内的5大种类51个转基因品种的进口。中国每年进口的大豆品种中，80%以上都属于转基因大豆，主要来源国为巴西和美国。

大豆

159

2021年2月18日，农业农村部发布《关于鼓励农业转基因生物原始创新和规范生物材料转移转让转育的通知》，明确了要鼓励原始创新，支持从事新基因、新性状、新技术、新产品等创新性强的农业转基因生物研发活动。

简单来说，转基因技术就是将目标基因进行分离重组后，重新导入生物体，以改善生物体性状或赋予其优良性状的一种基因技术，广泛应用于农作物改良和疫苗生产中，自然界中的天然杂交、异花授粉，广义上的物种演化等也都是天然的转基因过程。

提到转基因，还有一个绕不开的名词——"基因漂移"。基因漂移实际上是一种基因流动。经典的"基因漂移"是指基因在可交配种群之间的转移。如今因为大量共生微生物的发现，广义上的"基因漂移"，已经包括了跨物种的范畴，可理解为基因的"水平转移"。

很多人都觉得基因跨种转移会带来可怕的后果，但其实这是一个很自然的过程。比如，土壤中普遍存在的一些农杆菌就会把自己的基因转移到植物中去。大豆就是借助了根瘤农杆菌才能实现固氮过程。物种的演化，实质上就是数十亿年漫长的"转基因"的过程，比如人类的基因组中，约有8%的基因来自病毒，即约2.4亿个碱基对，这就是人类及其祖先一路走来和病毒抗争的印证。

那如今，人们吃转基因食物是否会发生基因漂移呢？答案是基本不会发生。我们吃的食物，无论是天然的还是转基因的，它们的基因序列到了消化道都会被降解成一段一段的核酸序列并混合，通过肠道内膜细胞吸收并进入人体血液中，但注意这并不是完整的基因，所以不会发生基因传递。另外，全球（主要是发达国家，也包括中国香港地区等）已经接种了数十亿剂次的mRNA疫苗，其本身就是一段模拟新冠病毒的基因片段。疫苗是直接注射到肌肉内的，试问如果不安全，人类能够进行如此大规模的免疫行动吗？

在转基因的话题上，我也经常会被问到杂交。杂交和转基因有什么区别呢？

通过人工手段使得原来两个即使放在一起也不可能发生基因传递的物种产生了基因水平转移，这种技术叫作转基因；两个物种在自然或人工条件下（比如大航海时代带来的物种迁徙、人工授粉）进行了基因的传递，并依然可以产生稳定的后代，这一过程就是杂交。转基因是靶向性的、有选择的基因交换，而杂交是两个物种所有基因的打乱和重排，在现代农业体系下，它们都是人工干预下的基因操控。此外植物繁育还往往用到嫁接技术：把A植物的枝或芽，嫁接到B植物的茎或根上并长成一个完整的植株，这就是嫁接。我们经常食用的"油桃"，其实就是桃李嫁接的产物，这种情况也不会发生基因的转移，可以类比动物的"代孕"，孕母提供后代的养料，但是基因还是来自受精卵而不是孕母的。

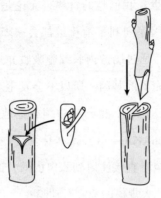

两种嫁接方式：芽接和枝接

如果我们以一万年的尺度来看，转基因现象在自然界中广泛存在。34亿年或更早之前，原初的生命出现，是一个简单的单细胞生物，经过几十亿年的演化，从单细胞到多细胞，从水生到陆生，从无性到有性，从简单到复杂，从低等到高等，从非人类走到了人类……那怎么会从一个细胞诞生这么多种生命呢？

简单来说，单细胞生物天然的基因交流主要有三种方式。

第一种是有性生殖，两个个体之间通过性行为生殖下一代。哺乳动物就是通过这样的方式进行繁殖的。

第二种是借助媒介。比如通过噬菌体，两个细胞之间互传一段基因，或者通过一段指令进行基因传递。例如，大肠杆菌A具有耐药性，B不具有耐药性，A大肠杆菌"吐出"一个指令信息片段给B大肠杆菌，从而使B获得了耐药性。可以说，单细胞生物就是这样进行"信息交换"从而获得强大的适应能力的。

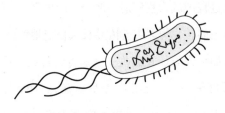

大肠杆菌模式图

第三种是直接吸收。我们推测线粒体可能是历史上演化最成功的微生物，动物的绝大部分细胞里都有线粒体，线粒体作为细胞内的"发动机"帮助我们进行呼吸作用。线粒体功能是否正常，决定了细胞的能量状态。最初，线粒体怎么就进入细胞了呢？在生命演化进程中，一个细胞"吞食"了一种微生物，但这种微生物并未消亡，而是存活在细胞内，与之互利共生，并逐渐演化为细胞内的细胞器，起到"发动机"的作用。这其实就是一个特殊的"转基因"过程。植物细胞中的叶绿体转化形式和线粒体一样，原本是独立存在的微生物，后来与细胞形成了内共生，他们的基因互相协同，从而帮助植物实现了光合作用。

这种演化依靠的就是自然界漫长的转基因过程，就是基因互相碾轧、侵吞、占有、交流、互换和组合的过程。人类也可以说是转基因的产物。2015年《基因组生物学》（*Genome*

Biology）杂志的一篇文章推测，每个人大概都携带了145个本不属于人体的基因，这些基因来自细菌、单细胞生物体和病毒，在人类演化过程中成为我们的一部分。历史上，人们经过感染、演化已经将它们转化为无害基因并长久稳定地留在了身体里。

此外，如今人类还在面临一些病毒的侵扰。比如，乙型肝炎病毒藏进肝细胞中，形成乙型肝炎病毒HBV与肝细胞的整合；引起宫颈癌的HPV，可以在宫颈上壁细胞内整合；艾滋病病毒HIV可以整合到整个免疫细胞当中……这些也都是时时发生的转基因的过程。

曾有科学家感慨，如果给转基因换一个名字，叫"遗传工程"，人们对这种技术可能就不会如此敏感了。绝大部分的新兴技术，都是我们所谓的"两用技术"，"一念成佛，一念成魔"，它就像一把菜刀——这个刀该不该磨得很快呢？那要看你如何利用它。比如核能，用于造核电站和造原子弹的技术类似，但带来的后果是完全不同的。而转基因本身就是一个技术，所以从发展技术本质上讲，人类应该发展转基因，但是不能滥用，不能隐瞒真相，也不应罔顾事实一味"阴谋论"。

没有人没吃过转基因食物，只不过是天然的还是人造的区别而已。国人最常食用的转基因食物，大概是木瓜，非转基因的木瓜因为病害，已经很难在自然界被种植出来。当然，谁也不敢保证甚至永远无法保证转基因对人类健康完全无害。

要证明"完全"，需要用到穷举法，比如一亿个人都吃了转基因食物，但只要有一个人吃了之后出现不适甚至威胁生命，不管是不是因为转基因食物导致的，我就不能说"转基因是完全无害的"，这也是今天的"疫苗困境"。

为什么会有人反对疫苗？因为再安全的疫苗也会出现百万分之几的"偶合死亡"概率，即不一定是疫苗致死，只是因为疫苗触发了一个人原有的基础性疾病，多方原因导致了死亡。而若深究，很多疫苗也在微生物层面用到了转基因技术。

人会天然地对未知感到恐惧，面对转基因技术，很多年纪大的人十分抗拒，而年轻人却越来越觉得无所谓了，正如一位科学家所说："出生时就有的技术，我很快就能接受；20岁知道的技术，我会勇于去尝试和探索；60岁知道的技术，我会努力去反对。"年轻一代不断接受新事物、新技术，同时也在颠覆着老一代，推动着科学的不断前进。正如试管婴儿，在经过32年的争议之后，技术发明者获得了诺贝尔奖，其声名从"恶魔"变成了"送子观音"，终于被人们所接受，如今已经有超过400万个宝宝通过该技术诞生，帮助了很多生育困境中的父母。

当然，转基因也许只是我们为了适应当前的发展，所提出的阶段性的技术手段。比如，为了防止农药过度使用，采用转基因来降低农药使用量，这就相当于人类现在大量使用抗生素，以至于培养出了很多全耐药细菌，在为人类带来福利的同时，也造成了负面影响——科技始终是一把双刃剑。

　　所以，关于转基因技术，我提倡八个字：充分知情，自愿选择。如此，不隐瞒也不强制，告别阴谋论和诡辩论。我们要做的就是尽可能确保科技向善，其他的就交给时间来验证。"让子弹飞一会儿"，答案就会慢慢浮出水面。

基因编辑技术

　　我常把"基因编辑技术"称为"魔术剪刀手"，简单来理解这项技术，就是在人类的23对染色体、30亿个碱基对当中，定位其中一段并进行切除、加入等操作。2020年，因在开发基因组编辑方法上作出了重大贡献，法国科学家埃马

"基因编辑技术"
堪称"魔术剪刀手"

纽埃尔·卡彭蒂耶（Emmanuelle Charpentier）和美国科学家詹妮弗·A. 杜德纳（Jennifer A. Doudna）获得了诺贝尔化学奖。

　　事实上，没有什么事情是一蹴而就的，人类探索基因编辑的道路亦是如此。在CRISPR-Cas基因编辑技术出现之前，前人便对此进行了艰苦卓绝的探索，早期的另外两项重要的基因编辑技术就曾在历史上留下过不朽的痕迹：锌指核酸酶技术（简称ZFN）和转录激活因子样效应物核酸酶技术（简称TALEN）。

回顾过去，在1984年的时候，科学家发现了锌指蛋白，基于此，开发了ZFN技术。然而，由于这一技术"费时费力又费心"，以及容易导致更多更复杂的脱靶效应[1]和引发细胞毒性，因而使用得并不广泛。2010年，基于从植物病原体中克隆出一种avrBs3蛋白，科学家正式提出TALEN技术，鉴于其设计更简单，特异性更高，因而逐渐成为主流基因编辑技术。不过它的一些劣势也是显而易见的：具有一定细胞毒性，且模块组装过程繁琐。

而后出现的CRISPR-Cas9系统，由于简单易行，同时设计和构建速度最快，成本也最低，因而使得基因的"任意编辑"变得越来越流行。它的出现，简单到只需要"下单"买一段向导RNA，即能够以更高的效率和精度改写包括人类细胞在内的任何生物体的基因，花费才不过一二十美元。

论起对研发CRISPR的贡献，自然是绕不开前面所提的2020年诺贝尔化学奖得主杜德纳和卡彭蒂耶，她们于2012年8月17日在《科学》杂志联合发文，成功解析了CRISPR-Cas9基因编辑的工作原理。而在此后的2013年2月15日，麻省理工学院和博德研究所的华裔科学家张锋教授首次将CRISPR-Cas9基因编辑技术改进并应用于哺乳动物和人类细胞，并将此成果发表于《科学》杂志。

1　脱靶效应：即基因编辑工作中，需要引导序列把要编辑的位置找出来，如果找错了，就是脱靶。

简而言之，卡彭蒂耶与杜德纳（于2012年）开创性地解析了工作原理，而张锋（于2013年初）则是首次将其应用到了哺乳动物身上，二者的研究对领域的影响力是极其深远的。然而在应用研究方面十分突出的张锋，最终却未能受到诺奖的垂青，引得众人一度为其鸣不平。不过在科学大奖上受挫的张锋，却在CRISPR专利上始终占据着上风。

完全可以说，基因编辑技术是划时代的——从1996年对ZFNs第一次进行体外验证到2012年CRISPR-Cas9技术的出现，编辑效率和精确性不断提高，应用领域也不断拓宽。在2020年的时候，基因编辑技术首次成功治疗遗传病——两名β地中海贫血症患者和一名镰状细胞病患者，在骨髓干细胞经CRISPR技术编辑后，无需再输血了。而在中国，将基因"改造"后输回体内，使得深圳两名重度地贫患儿已脱离输血的报道也登上了各大媒体头条：2021年2月，深圳市儿童医院联合华大为重度地贫患者开展了基于自体造血干细胞移植的基因治疗。2月8日，此项目的小患者云云（化名）完成了β珠蛋白再表达的自体造血干细胞移植治疗；5月28日，另一小患儿妍妍（化名）也完成了基因治疗。受此消息的鼓舞，为更好地推进地贫基因治疗的临床转化，2021年7月，华大还为此特别成立了专注于造血干细胞基因（HSC-GT）治疗领域业务的子公司禾沐基因，致力于治疗血红蛋白疾病。

自然，在基因编辑技术快速发展和广泛应用之余，围绕

CRISPR-Cas9基因"剪刀"的争议也不少见。如今世界各国科学界对此都有着一致的意见：虽基因编辑技术被要求不能编辑生殖细胞，但是可以编辑体细胞，且这一切只能约束好人而不能约束坏人，让好人更多地去学习技术，是唯一的解决办法。为此，中国科学院副院长周琪院士曾特别建议，亟待重视并加强基因编辑的伦理建设，同时要充分发挥科学共同体的自治作用，通过科学共同体制定伦理准则以及违反伦理原则的惩处措施，以约束科研人员和医疗人员的相关行为。

合成生物学技术

什么是合成生物学呢？如果说做人类基因组测序是"读"，基因编辑是"改"，那么把碱基按照原来的序列"写"出来，就叫合成生物学。这样看来，"写"的畅想空间，其实是远大于"读"和"改"的。比如屠呦呦用来研制抗疟疾药物的青蒿素，由于其巨大的需求，如今单靠从青蒿（植物学名称为"黄花蒿"）提取青蒿素已远无法满足市场。而如果在酵母的基因里写入一段可以产生青蒿素的基因，再用发酵罐去培养，100升发酵罐产生的青蒿素，就可以相当于把整个澳门的土地全部用来种青蒿一年的产量了。

对多数人而言，合成生物学或是个新鲜的事物。回看其发展史，一路曲折：1828年弗里德里希·维勒（Friedrich Wöhler）偶然利用无机物合成有机物尿素，自此，有机物只能通过生物体合成的"生命力"假说被推翻；1953年，大胆的美国化学家哈罗德·C.尤里（Harold C. Urey）和斯坦利·L.米勒（Stanley L. Miller）对"原生汤"假说进行验证，即生命确实能通过无机物一步一步慢慢得来；1965年，中国科学家实现了第一个人工合成的蛋白质——牛胰岛素，标志着在生物大分子人工合成方向上的突破；20世纪70年代，DNA的人工合成技术出现并且实现自动化，自此合成控制生命的基因已不是难事。

现在，随着合成仪的快速迭代，掌控生命密码的基因已经能通过仪器进行高效而自动的合成，只要合成前通过电脑对基因序列进行设计，各种各样的基因变体都可以合成出来。当然，随着基于测序解"读"生命的技术日趋成熟，我们对生命了解得越来越多，由此，合成生物学的玩法也就变得丰富起来。

起先，合成生物学家们利用人工合成基因的方法，制造了各种各样人工的"基因功能模块"，控制细胞做各种各样的事情，还可以像变形金刚一样进行各种"变化合体"。不过很快，这些就没法满足合成生物学家们的胃口了。2002年，美国科学家对第一个病毒基因组从头进行设计与合成。这个人工制造的基因组可以产生与天然病毒具有同样效用的人造病毒。不过病毒并不具备独立生存的能力，所以严格来说，这不是一个真正的生命体。

真正打响合成生命"第一枪"的，是美国的科学家 J. 克雷格·文特尔（J. Craig Venter）。2010年，他将一个支原体的内部挖空，注入了人工合成的支原DNA，就这样，一个新原核生物的完整基因组在人类手中诞生了——辛西娅——历史上首个人造生命。

在此基础上，科学家们继续探索，"人造"更为复杂的生命：2012年，作为中国的主要参与方之一，华大与国外科学家一起推进了合成生物学发展史上堪称里程碑式的六国协作项目——"酿酒酵母基因组人工合成计划（Sc2.0 project）"。2017年3月10日，天津大学、清华大学、华大在《科学》杂志上发表论文，宣布成功合成了4条人工设计的酵母染色体，占酵母总染色体的1/4，开启了"再造生命"新纪元。2018年8月，中国科学院上海植物生物生态研究所的研究团队更进一步，运用CRISPR-Cas9基因编辑技术，把我们平时常见的酿酒酵母体内的16条染色体整合成了一条，此成果被发表在了《自然》杂志上。

当然，随着合成生物学的飞速发展，领域内的神话还在继续：2019年，英国科学家使一种合成大肠杆菌只需有限的蛋白质合成指令，就能编码所有常见氨基酸，该成果于2019年5月15日在线发表于《自然》杂志；2021年10月15日，美国加州大学伯克利分校（UCB）和劳伦斯伯克利国家实验室（LBNL）的合成化学家与合成生物学家通过改造细菌生产出一种迄今只能在实验室内合成的分子。相关研究成果刊登在《自然·化学》（*Nature Chemistry*）杂志。

在此还要尤为重点提及的一个突破性研究，是国人的原创，即首次在实验室实现了二氧化碳到淀粉的从头合成。该项成果于2021年9月24日在线发表在国际学术期刊《科学》，领衔专家为中国科学院天津工业生物技术研究所的马延和所长。我们知道，工业淀粉在现代工业中应用极为广泛，过往只能依靠玉米、大米、小麦等植物的光合作用来进行生产，可是这种方式得经历长达60多个反应步骤才能实现，能量转化率仅为2%左右，效率远无法满足现实需要。而中科院的这项研究，另辟蹊径，找到了一条全新的合成路径——整个合成步骤仅需11步，能量转化率超过10%。这意味着，我们今后可以以二氧化碳为原料，在生产车间里像酿造啤酒那般制造淀粉。

不难预计，在该系统得到进一步的优化，成本能够降低到可与农业种植相比的经济可行性之时，此项技术或许会节约90%以上的耕地和淡水资源，还可节省大量对环境不够友好的农药和化肥等的施用，在当前的碳中和大背景之下，对生物经济发展的贡献可谓是无可估量。

异种器官移植技术

1973年之前，人类没有手机；1978年之前，我们没有试管婴儿；1996年之前，人类还没有掌握克隆技术；2015年之前，中国没有自己的测序技术和测序仪。

我一直认为，所谓技术，就是在过去异想天开、在今天勉为其难、在未来习以为常的能力。早在远古时代，各民族的神话传说都充斥着各种各样的半人半兽的神物或图腾。比如，华夏先民一直认为人首蛇身的伏羲女娲是人类始祖，埃及神话中也有狮身人面、狼首人身的神灵，东西方文化中类似的传说还有美人鱼等。这些神话或者传说背后的隐喻十分简单直白，就是希望"取长补短"，把人类和动物的优点相结合，塑造出更加坚不可摧的个体。这些半人半兽可能在过去都是一些妄想，但是我们的科学家一直在尝试把动物的器官移植给人类。

其实人类在动物身上"打主意"已经不是一两天了，我们先来回顾"异种移植"的历史，看一看动物对人类的器官移植贡献有多大。

"异种移植"的概念很早就诞生了，受限于当时的科技水平，人们在很长一段时间里只能停留在理论阶段。

在1906年，一位法国医生把猪的肾脏和一个患肾病综合征的48岁女性的左肘相连；还把一个羊肾移植给了一位50岁的女性。这两位患者很快都因为排异反应死亡，令当时的民众一片哗然。

随着老龄化社会的到来，器官移植供体的需求不断增加，使得人类不断探索可能的动物器官供体。而且，人们普遍认为，和我们相近的灵长类动物更适合作为供体。

1963年前后，杜兰大学的外科医生把黑猩猩的肾脏移植给了13例中末期的肾病患者，因为当时还没有很先进的肾透析技术，如果不进行器官移植就必死无疑。然而，这些患者还是在几周内去世了。

直到1984年，斯蒂芬妮·费·博克莱尔（Stephanie Fae Beauclair）的出生，才让这个设想有了进一步的实践。博克莱尔是一名早产儿，同时患有严重的先天性心脏缺陷。出生12天后，她的病情进一步恶化，在征得其父母的同意后，医生们选择狒狒作为供体，为博克莱尔进行心脏移植手术，移植后的心脏开始自主跳动，一度引发了轰动。

狒狒

（图片来源: freepik.com）

术后初期，博克莱尔一切正常，病情也有所好转，但14

天后，她的情况急转直下，最终在1984年11月16日死亡。她的死因是心脏衰竭，但这并不是供体心脏的问题，而是由于博克莱尔自身免疫系统的排异反应，换句话说，是博克莱尔体内的免疫细胞杀死了这颗心脏。

1992年，美国匹兹堡大学的冯宙麟博士成功进行了2例狒狒的肝脏移植，接受移植的病人在术后分别存活了70天和26天，之后也是因为排异反应导致的死亡。

排异反应这么可怕，为什么还要异种移植？

从1984年的试验结果来看，人和动物间异种移植并没有想象中的顺利，那还有可能实现吗？其实，人类在更早的时候就做过人和人之间异体移植的尝试，并且逐渐摸清了其中的规律。

最早的异体心脏移植发生在1967年12月3日，南非的克里斯蒂安·尼斯林·巴纳德教授（Christiaan Neethling Barnard）为患者沃斯坎斯基完成了心脏移植，尽管手术非常成功，但患者还是发生了严重的排异反应，在第18天死亡。这时候，人们才沉下心来关注排异反应产生的原因以及解决办法。

免疫系统的世界和现实不一样，在它们眼里，不是自己人的，都是敌人。供体的心脏属于外来物，自然是它们集中攻击的对象，并且不杀灭绝不消停。

直到环孢素出现，人们才找到抑制排异反应的办法。这是一种免疫抑制剂，它通过抑制免疫T细胞的活性和生长，来抑制免疫系统的活性。

在环孢素的帮助下，异体移植的成功概率越来越高，国际心肺移植协会（ISHLT）做过一项统计：患者在接受移植后1年、3年、5年和10年的同期存活概率分别是85.2%、78.0%、72.1%和60.1%。与1967年的手术相比，可以说实现了质的飞跃。

尽管人们找到异体移植的改善办法，但要想换器官，只能从其他人身上摘下来。如果没有合适的捐献者，大部分患者还是只能"等死"。尽管2021年约有41354名美国人接受了器官移植，但潜在需求仍然很高。人们不得不将目光投向人和动物间的异种移植，这也催生了一项新研究——干细胞技术。

干细胞技术是让人体的成熟细胞在特定条件下逆转到全能性状态或形成胚胎干细胞系，再将此细胞移植到经过改造的动物受精卵中，让动物生长出人类需要的器官。这种器官是人体自身细胞培育的，所以不存在排异反应，如果这种技术能完美实现的话，它对于器官移植的贡献将是不可估量的。

但这又引起了一个新的问题——伦理。

2004年，世界卫生组织在异种移植的问题上有过一项决议：敦促会员国"只有在具备有效的国家管控和监督机制时，方可允许异种移植"。世界卫生组织希望各国实行更有力的措施，制止非法异种移植，并促进统一的质量和安全控制。但大家的意见似乎没达成一致，2005年，各国又在世界卫生组织会议上就相关问题进行激烈的讨论，重点聚焦在伦理和异种移植带来的疾病问题。

其实大家的观点都有合理的出发点，但要全面达成共识，可能还有更长的路要走。

从20世纪90年代开始，有设想提出，既然灵长类动物的器官不行，那器官尺寸和人类接近的猪是不是更合适的供体？2021年10月，在纽约大学朗格尼医学中心进行了一场意义非凡的手术，接受猪肾移植的病人已脑死亡，病人家属同意在为病人移除维生仪器前，让她参与试验。医生将一只猪的肾脏连接到了病人大腿部血管上，该肾脏位于腹部外以方便观察后续反应。这颗肾脏在病人的体外工作了54个小时，没有引发受体免疫系统的排斥反应。团队所采用的猪肾，是一只经过基因改造后的猪的肾脏，器官组织不再含有会立即诱发人体排斥的糖分子。这是世界首例猪肾脏移植人体手术，也给异种移植研究带来新的思路。

这次手术的成功，让人们对基因改造后的猪器官有了更多的期待。2021年12月，给上述病人提供肾脏的公司（Revivicor公司）获得美国食品药物监管局（FDA）的批准，进行猪的基因改造，可用于人类食品和药物制造。

2022年1月，美国科学家成功把一个经过基因改造的猪心移植给人，再次实现了一个非常重要的突破。这项手术发生在2022年1月11日，美国马里兰大学医学中心外科主刀医生巴特利·格里菲斯（Bartley Griffith）给一位57岁的心脏病患者班尼特，进行了转基因猪心脏移植手术，术后病人情况良好。移植到人体的猪心脏产生了脉搏、血压，成为患者的心脏。

移植到班尼特体内的心脏同样来自Revivicor公司提供的转基因猪。科学家对这头猪的基因进行了10处修改：加入了6个人类基因，以防止血液在心脏中凝固，并提高分子的相容性，降低排异风险；关闭了4个基因——前3个基因以防止发生免疫排斥反应（识别猪的器官来自不同的物种），最后1个基因，是为了防止猪心长得过大，以避免增加移植的难度。这只将心脏捐给班尼特的猪约1岁大、重约240磅，而同等年龄的标准公猪可能重450磅。

然而在2022年3月8日，这位接受基因改造动物器官移植的病人不幸去世，世界领域内也一片叹息。

其实，科学家们一直在努力研制移植器官不会与人体产生排异反应的猪。过去10年间，新的基因编辑和克隆技术加速了研究进展。同时，研究人员希望，这种手术能引领未来医学。届时对于患者来说，不会再有可移植器官短缺的局面。

基因改造后的动物器官一定程度上解决了伦理、排异反应、供体不足等问题，可以为人类提供接近完美的器官供体。异种器官移植到底前景如何？我想，目前的数据还很难下定论，但是这种需求的确是刚需，路在何方，且让我们拭目以待。

　　或许，可以想象有一天，我们不再伤害动物，直接通过3D打印加三维分化，培养合适的组织或器官。相信到那时，人类的寿命还会因此大幅度延长。只是在这个过程中，人类更应该时刻保持谦卑和感激。

Chapter 15

升维，
生物开启新计量

生命科学依赖于技术进步，通过工具进步
降低成本，进而获得更多的数据，从数据
中又能看到新理论、新学科、新技术……

质量界有这么个说法：四流组织做产品，三流组织做服务，二流组织做技术，而一流企业做标准。正所谓"得标准者得天下"，而自然科学的标准，计量是必不可少的根基，亦是各国科技高地必争之地。

一米究竟是多长？这事得大家商量。1875年的5月20日，由法国等17个国家在巴黎签署了《米制公约》，确定了所谓的"一米"。之后就把每年的5月20日，定为"世界计量日"，计量为科学的发展作出的贡献不言而喻。生命科学领域中计量的重要性，我想从一场骗局说起。

大部分人应该都知道，美国加州一家非常有名的血液检测公司Theranos，号称用1滴血，4个小时，可以查240多项检测。当时Theranos得到了诸多硅谷和政界大佬的"背书"。

但这个故事从一开始，我就不信。为什么？

这是一个特别基本的问题。假如有个100立方米的池塘，里面有10条鱼，假设鱼均匀分布，请问至少要捞多少水才能确保捕到一条鱼？

答案是，10立方米。这是个概率问题。那么，当你说你只取了5立方米的水，而又能保证次次有鱼，这可能么？

我们再来看看Theranos的血检法，它的很多广告都强调微量样本就能检测出结果，但实际上这么少量的样本从概率上就根本没有"鱼"。就拿丙肝病毒（HCV）来说，它的最低检出限是100拷贝/毫升，也就是1个HCV分子至少在10微升的血样中才可能被检出。所以如果一家公司号称在10微升或更少的血样就能检测出HCV分子，那基本上可以认为这家公司是在"忽悠"。

黑科技当然有，但如果不符合物理规律，甚至简单的算术都过不去，就别在生物领域"装神弄鬼"了。从某种程度来讲，非常多的高科技，必须先要经过物理化学乃至数学的检验。

为什么这家公司能在美国走这么远？这有点像第一类永动机，过于理想的科技蒙蔽了很多精英的慧眼。实际上只要回到计量本质，用小学数学就能识破这是骗局。所以，以后再看见一些特别颠覆性的高科技，大家心里可以先打一个问号，所谓"大胆假设，小心求证"。

新冠病毒检测也一样。回想2020年，我们被质疑最多的问题是：为什么美国出了新的检测技术，30分钟就能出结果？还没等我回答，又听说有一种20分钟出结果的产品，接着就是10分钟、5分钟，最后说以色列的一个产品2分钟就能出结果。更离谱的，有人说能通过狗的嗅觉，来判断一个人有没有感染新冠病毒？！

我只反问了一句话：这么多便利的技术，为什么不在中国上市呢？

答案很简单，因为它们都无法通过中国有关部门的检验。

在中国，基于荧光定量PCR[1]的检测至少要低于500拷贝/毫升的最低检出限。而美国的许多快检产品，最低检出限在2000~4000拷贝/毫升。这些快检产品可以测流感，因为流感病毒感染上呼吸道，通常有几千上万个拷贝的病毒。但是新冠病毒初期感染的是下呼吸道，在环状软骨下取样，极其考验PCR的极限。许多"无症状感染者"的最低检出值只有一两百个拷贝。这就是为什么许多人用国外快检试剂呈现阴性，而用中国的检测试剂却"复阳"了，因为中国的检测试剂盒灵敏度更高。

当我们评价一个产品好不好的时候，一定要先明确标准。俗话说"离开剂量谈毒性就是耍流氓"，那么我可以说"离开最低检出限谈检测时间，是不公平的"。所以，生命科学的很多问题，都需要我们用更多次的重复测量来找到真相。

还有一个新闻，某地"患狂犬病"患者抢救两个月后过世，

1　PCR（Polymerase Chain Reaction）：聚合酶链式反应，又称体外DNA扩增技术，可以将微量目的DNA片段扩增一百万倍以上。

疑似"病源犬"经确认无狂犬病毒。

这位患者究竟有没有感染狂犬病毒呢？相信很多人心里都有疑问。新闻里说，有三家机构用测序或PCR的方法都没找到狂犬病毒，最后是华大的医检所检测出有狂犬病毒。

到底有没有狂犬病毒？我们必须用数字说话。

最终我们证明，并非没有狂犬病毒，而是测量的次数不够多，因而检测不到。因为狂犬病毒的感染载量非常低，一般检测序列量大多在500万～2000万次，而我们最终测了1亿次才找到一个病毒片段，测到4亿次的时候已经把病毒的基因组部分组装出来了，从而解决了这个争议。所以，许多回答不了的问题其实是在于我们做的次数不够多。

为什么大型正负对撞机经过几十年才能发现基本粒子呢？因为这是个时间和概率的问题，要经过足够多的尝试和重复。但是生命和理化的计量还是有所不同，生命是涌现的产物，很多时候不能用简单的质量和数字去说明，这也是我们生命科学从业者经常会有的感慨。

科学家可以测算出天体的运行轨迹，却无法说明两只蜣螂的生物学行为。所以马丁·约翰·里斯（Martin John Rees）说："即使是最小的昆虫也比恒星复杂得多。"

如果要描述四维宇宙，我们只需要两个基本单位。

第一个基本单位就是"米"，将其定义为：1/299792458秒的时间间隔内，光在真空中行进的长度。有了长度单位，空间就能描绘出来了。

时间用"秒"定义：铯-133原子基态的两个超精细能级之间跃迁所对应的辐射的9,192,631,770个周期的持续时间。

我们用自然常量回答了人类的问题。当然，7个基本单位不一定都能用自然定义。比如，"千克"就是人为的定义。以上就是我们过去的理化计量。

但是，生命如何计量？

一个DNA，A、T、C、G四个代表碱基的字母，质量一样，顺序可以不一样。就像一个单词，字母顺序不一样就会产生不一样的意思。所以生物学家也经常讨论，如果说我们过去用了大量的计量手段，测量、称量、绘量，到了DNA层面上、蛋白质层面上、代谢组层面上，要多元回归，这种跨组学的计量就是从"译量"到"悟量"的过程。

译量是先把生命"翻译"出来，后面根据其表型意义而对应做干预，这就是"悟量"了。所以，生命领域的计量，维度要比理化计量复杂得多。

举个例子，前几年在东莞的一个案例，患者求医许久，最后通过补充维生素B治愈了疾病。听起来非常简单的治疗方式，实际上却经历了复杂的诊断过程，还用到了基因测序技术。患者基因*SLC52A2*的变异，导致维生素B2代谢紊乱。

维生素B片只有几毛钱，但找出病因却需要上千元。这个案例让人联想到一个故事，当年福特公司的一台电机出了故障，很多人都修不好，公司特意请德国专家斯坦门茨来修理。斯坦门茨检查并计算了两天后，在电机外面画了一条线，并告知在特定处减少16圈线圈即可。电机修好后，福特询问维修费用，斯坦门茨说："一万美元。"福特请他列个合理的明细表，他写道："用粉笔画一条线1美元，知道在哪儿画线9999美元。"

生命如果是个语言，那么"得知序列"是一次测量，"找出变异"是一次译量，"对症下药"是悟量。这需要结合大量的基因遗传型和临床表型，最终展示成医生和患者都能看懂的高维度的综合结果。

从这方面来看，中国有相对更多的机会去发展这个领域，因为中国人群规模大、数据大，所以译量和悟量都会更为准确。既然生命是一种语言，那么生命的计量就一定要"有意义"，而非单一的数量。

在20世纪80年代，生命中心法则的主要提出者之一悉尼·布伦纳（Sydney Brenner）说过一句特别经典的话："科学的进步源于新技术、新发现、新想法的推动。新技术先于新发现，新发现先于新想法。"

也就是说，生命科学依赖于技术进步，通过工具进步降低成本，进而获得更多的数据，从数据中又能看到新理论、新学科、新技术……

所以，今天的科学，今天的工程，今天的计量，在我们挑战天体物理、研究生命起源、追寻量子科技的时候，它的排序必须是新技术—新工具—新发现，最后才是新想法。

举一个最简单的例子：为什么是LIGO（激光干涉引力波天文台）证明了引力波？

因为它的装置足够大！LIGO由两个干涉仪组成，每一个都带有两条4千米长的臂并组成L型，它们分别位于相距3000千米的美国南海岸Livingston和美国西北海岸Hanford。每个臂由直径为1.2米的真空管组成。

换句话说，有了显微镜的发明，人们看见了微生物，有了电子显微镜，我们才看到了病毒。如果没有工具，一切都只能靠"猜"。

中国现在的一些源头创新，我们或许不能说出它的直接意义。就拿"中国天眼FAST"——500米口径球面射电望远镜来说，许多人都提出疑问："天眼"的意义在哪里呢？

未来的答案，往往藏在过去。早在1969年的美苏冷战时期，物理学家罗伯特·威尔逊（Robert Wilson）为申请对粒子加速器的资助而向美国参议院作证时，被问到的问题是：粒子加速器是否有助于保护国家？

罗伯特·威尔逊说："没有任何直接帮助，除了它可以证明这个国家更值得被保护。"

同理，这就是"天眼"的意义，这就是大科学装置的意义。但不能仅仅依靠"买"来引进最先进的设备，只有自己能"造"

"中国天眼FAST"望远镜模型

和"创"的机构才可能实现科研领域的引领。

不做基础科研，就不会有影响力和话语权。在元素周期表里，有多少是中国人的贡献？答案是：两个——锌和砷——还都是炼丹的时候发现的。我们再来看看生命周期表。本书前文已提到，生命周期表是为高等动植物的基因组测序。因为国产测序仪的助力，中国的贡献高于美国——我们有足够的数据，可以在生命科学领域跟全世界最先进的国家一较短长。

随着基因技术的普及应用，和生命大数据的不断累积，研究者们已经越来越可以对基因序列做到"译量"和"悟量"。

从1990年到2003年，第一个人类基因组测序工作历时13年，花费38亿美元。而当今，我们花200美元，用一天的时间，就可以测几千个基因组。这个成本的下降速度比摩尔定律还要快。这就是整个生命科学产业里，我们能看得见的未来。中国从来不缺商业模式的创新，目前也正在加强文化的创新，但是科技的创新需要更多关注和努力。所以现在我们正在通过大科学装置去挑战认知的边界。

物理科学正在用多维度、多层级的大科学工具与平台持续解决宇宙诞生以来百亿年的事。而在生命科学领域，也正在通过测量、称量、绘量、译量和悟量把所获信息变成更高维度的知识，并从中得到更精准的数据为大家所用。我们现在关注的是全生命周期的4D和数字化，生老病死、基因组、代谢组、蛋白质组、微生物组、表观遗传组……这些都依赖于工具的支撑。所以，在生命世纪，自主可控的、可以对生命计量的大科技工程具有极其重要的意义。

科学，无尽的前沿；计量，永恒的根基。

生命世纪已到，让我们一起，为生命计量！

Chapter 16

探索，
未来生命畅想曲

———

固然不是所有的人都能穿越星际，但不妨碍我们集体仰望星空。无论是基因工程、克隆技术，还是移民火星，都是对生命的永恒追求和探索。

固然地球生命还能依仗太阳很多年，但人类如果不能离开地球成为多行星物种，我们的后代终究会面临末日来临的一天。如果光速仍然是恒定且不可突破的，如果1/10光速的飞船还不能被人类制造出来，那么，即使飞往离我们最近的可能宜居的类地行星，也必然要考虑如何在太空中完成生命延续，如何在新行星上完成生境改造，关联的技术也将面临技术和伦理的双重挑战。人类总是未雨绸缪，活在未来，为将来可能发生的风险做好预防和准备。生命科学领域的创新，不断拓宽着我们对生命的认知，也给未来生命带来了无限可能。

细胞的时光逆转

我们人体有数十万亿个细胞，不同的细胞担负着不同的功能。而所有的细胞，却都无一例外，全是由同一个细胞——受精卵发育而来的。

想当初，上亿个如蝌蚪般的精子吹响前进的号角，试图攻城拔寨，刺破卵细胞，而最后，却只有那亿里挑一的超级幸运儿成为仅有的胜利者。当然，并非首个冲刺者就是最终的幸运儿，它不过只是先烈而已。实际上，跟随其后的某个突破卵膜、完成顶体反应的小小的精子才是先驱。也许看起来，这只是"蝌蚪"前进路上的一小步，可却是生命史上的一大步：精卵结合后，个体才被真正地赋予了生命。自此，受精卵的不断分裂使细胞数目扩增，不断分化使细胞种类增加。经过多次分裂（约几天时间）后，便形成了未分化的、有可能变成不同类型细胞的胚胎干细胞（embryonic stem cell，ES 细胞）。这些细胞是万能的，可以成为体内细胞中的任何一种，进而发育形成人体的各个组织和器官。就像是母体里被播种下的一颗种子，生根发芽，枝繁叶茂，最终成形，形成我们这个复杂而又完整的生命个体。

科学家们想尽一切方法，试图去了解并获取精确控制这种细胞的能力，让一直自诩万物之灵的我们成为掌握者，左右故事的行进方向。这里就不得不再多提提干细胞的研究了。

干细胞，其官方定义为一类具有无限的或者永生的自我更新能力的细胞。其实我们可以简单将其理解为拥有"变身能力"的细胞。而全能干细胞，定义上是指具有无限分化潜能，能分化成所有组织和器官的干细胞。胚胎干细胞就属于这一种，不过胚胎干细胞在进一步的分化中，会形成各种组织干细胞，被称作多能干细胞，即变幻能力有是有，但相对较为有限。我们可把这两者，分别比成能七十二变的孙悟空和只会三十六变的猪八戒。

这里对胚胎干细胞的概念稍加解释，我们都知道人类受精卵首先形成胚胎，然后胚胎经过发育形成胎儿。胚胎干细胞就是一种存在于胚胎中的全能分化性细胞。但是，胚胎干细胞的获取，不可避免地要严重伤害乃至杀死胚胎，这在很多国家已经是法律上的杀人罪行了。所以，胚胎干细胞的相关研究在各国都受到严格监管，实质上陷于停顿。而iPS，也就是诱导性多功能干细胞，就不存在这样的伦理问题，无需受精卵或胚胎，仅仅是提取一些体细胞，就可以将其转化为仅次于胚胎干细胞分化能力的多能细胞。而且利用宿主自身的成体细胞（如皮肤细胞、血细胞等）经重编程变成iPS细胞，将它们移植回相同个体，较少引发免疫反应，非常适合用来构建疾病模型。这一技术令其发明者日本京都大学山中伸弥教授声名大噪。

那么，山中伸弥教授又是怎样获得最初的iPS细胞的呢？山中伸弥团队起初的想法是尝试通过基因技术修改体细胞，看看是否能将其转化为其他细胞甚至胚胎干细胞。最初的实验，一共有24个基因被修改。之后，经过深入的研究，发现只要修改其中的4个，就能实现体细胞向胚胎干细胞的转化。因而，2006年，他们在国际顶级期刊《细胞》上首次发表了该重磅成果。而后的2007年11月，山中伸弥团队又成功将人类皮肤纤维母细胞诱导成iPS细胞。不过几乎就在同时，由中国科学家俞君英领衔的研究团队也同样报道了其成功诱导人皮肤纤维母细胞成为几乎与胚胎干细胞完全一样的iPS细胞的研究。不同的是，日本实验室依然采用了用逆转录病毒引入Oct3/4、Sox2、c-Myc和Klf4四种因子组合，而中国团队则采用了以慢病毒载体引入Oct4、Sox2加Nanog和LIN28这种因子组合。

不难看到，以上的巨大成就是将已经成熟的体细胞诱导成为囊胚阶段的多能干细胞。不过人类囊胚期的细胞是受精卵发育5~6天的状态，其进一步发育的能力比较受限，故称为诱导性多能干细胞。虽然iPS的优点很多，但也问题重重：分化能力非常有限，很多全能性的基因其实并没有很好地被激活，无法发育成胎盘，越靠后的干细胞未来发育出来的器官毛病也越多……

因而，鉴于其弊端，后续的诸多应用转化很是艰难，甚至也一度陷入停滞。不过近几年，中国科学家在此领域取得了重大突破，得到了全球首个诱导全能干细胞。该项研究是由中国科学院和深圳华大生命科学研究院等多家机构的研究者共同完成的，相关研究成果于2022年3月22日发表在了《自然》杂志上。科学家们在此项研究中，开发了一种非转基因、快速且可控的"鸡尾酒"细胞重编程方法，能够将人的多能干细胞转化为全能性的8细胞期胚胎样细胞（8-cell totipotent embryo-like cell），即相当于受精卵发育3天状态的全能干细胞，是目前全球在体外培养的"最年轻"的人类细胞。

在此过程中，单细胞测序可谓是功不可没：不仅帮助精准找到了由体外化学分子诱导得到的占比很少的全能干细胞（其实具体占比不足15%），并确定其特征从而进一步分选出来进行放大培养，还在证明干细胞的全能性过程中起到了重要作用。当然，借由单细胞测序还发现，8细胞期不仅可以与iPS一样发育出胎盘细胞，还可以分化出更多的类型，比如免疫细胞，这也从另一个角度表明8细胞期未来用于疾病治疗的前景更大。

不得不说，该进展是再生医学和单细胞测序技术相结合的完美典范，也是研究人员在伦理许可条件下，首次在真正意义上将人多能干细胞"转化"为全能性的胚胎细胞，使得人们可以将"成年"版本的细胞，逆向转化为具有更多可能性的"婴儿期"版本的细胞。同时，由于这次得到的全能细胞更接近早期胚胎的原始状态，若将其用于再生医学，培育得到的器官也将更接近于真实器官的状态，更有利于移植。

未来的生命孕育

■ 人造子宫

人造子宫是通过模拟哺乳动物的子宫条件，在人造环境中培育受精卵，使之发育为正常生命体的技术。人造子宫对太空探索中生命继代具有重要意义。

2017年，美国费城儿童医院成功使8只早产的小羊在人造子宫当中存活了8周，是相关研究中时间最长的一次，对于人类早产婴儿的救治具有重要意义。

人造子宫想象示意图

2021年，《自然》杂志的一篇文章称以色列的一家研究所，通过人造子宫培育出数百只小白鼠，并且健康指标一切正常。我们知道，人类试管婴儿是在试管中培育受精卵后，将其放入人类母体子宫内，经过十个月的孕育并生产的，而这次实验直接将试管婴儿技术培育的小鼠受精卵放入人造子宫，其实这是一个模仿了子宫胎盘环境的玻璃容器。

其实，生物体的子宫天然会有筛选和对抗，如果胎儿发育出现问题，子宫会产生一系列反应并造成流产，放弃对胎儿的培育。因此，子宫就好像一个"修炼场"，只有经过子宫"训练"的胎儿，才能顺利出生。这个过程中，胎盘就起到了双向选择和保护的关键作用，胎盘不仅要能够分隔母子之间不必要的连接，同时又可以把营养输送给胎儿；既要能保护母亲不被胎儿威胁，又要保证胎儿的健康。

当受精卵进行了初步分化之后，不用顾及母体的体外培养环境似乎更适合这团细胞的进一步成长和分化。只要给到它充足的营养、激素、合适的温度等，它就能够进行下一步的三维分化。小鼠的妊娠期大约是三周时间，这项实验中，胚胎在人造子宫中存活了大约一周，之后液体环境已经无法供应胚胎的需求，因而就相继死去。

这项实验也将人造子宫的研究向前推进了一大步。在将来，人造子宫技术一旦成熟，就能够从一个受精卵细胞开始培育，在人工环境中长大、出生。从生物学上看，这为复活已经灭绝的生物带来希望；从社会问题上看，人造子宫也许能够解决很多发达国家少子化、生育率低的问题。

人造子宫的发展也必然伴随着伦理的讨论，我认为我们要保持对技术的有趣构想及其可能性，在应用中坚持科技向善，用科技去造福世界。

■ 孤雌生殖

小时候，我们都看过《西游记》，尤其是女儿国这一章。女儿国没有男人，也接触不到男人，女性到了生育年龄就去饮用子母河里的水，不出几日就会怀孕，生出来的也都是女孩。在这个神奇的国度中，世世代代都是女性。我想看到这个情节的男性可能会惴惴不安。诚然，这只是吴承恩先生创造出的"元宇宙"世界。

而在真实世界中，科学家实实在在地把这些幻想变成了现实。其实在自然界中，很多原始动物，例如一些昆虫、鱼类、爬行类动物都能够进行孤雌生殖，卵子不用受精就能够生育正常的个体。但是对于高等的哺乳动物来说，必须要经过有性生殖——既要有雄性的精子，也要有雌性的卵子，两者进行结合才能产生后代。原因其实很简单，一部分基因的发育必须来自父亲的等位基因表达，也就是所谓的"基因组印记"，也叫作"遗传印记"，是指基因是否表达取决于它们来自父源染色体还是母源染色体，孤雌生殖只有母亲的染色体，而没有父源染色体，必然会影响基因表达。正是因为有"基因组印记"的存在，才阻碍了孤雌生殖的实现。

实际上，科学家们一直都在尝试利用孤雌生殖繁育的方法来培育哺乳动物后代。早在2004年，东京农业大学的研究人员，就把两只雌性小鼠的卵细胞的细胞核结合起来，成功诞生了10只没有父亲的小鼠，可惜的是，只有1只名为"辉夜姬"的母鼠活到了成年，它是首例孤雌生殖的哺乳动物，这篇文章当时发表在《自然》杂志上，轰动一时。

不过，10只小鼠只有1只发育到成年，其成功繁育率还是比较低的，而且生长发育也存在一定缺陷。

中国科学家在这方面也有不错的成果。中科院动物所的胡宝洋等多位科学家携手，先后于2015年和2018年连续在顶级期刊上发表了他们的研究，也都是不依靠受精便使得小鼠完成了相关的繁育过程，而且它们的后代还能够继续生长。具体来讲，他们用两个卵细胞进行双亲繁殖，实验人员把一个卵细胞的遗传印记删去，使得卵母细胞当中的母本特定基因正常表达。我们可以理解为，把其中一个卵子转换成了精子的功能，然后使完成转换的卵母细胞与另一只雌鼠的卵细胞结合，来诱导由双卵子形成的胚胎发育成熟。这项研究一共做了210个胚胎，有29只小鼠出生，发现它们在发育行为和代谢方面与正常繁殖的小鼠几乎无异，其中7只小鼠可以正常繁育。

2022年3月，上海交通大学魏延昌团队直接在卵子内实施基因编辑，成功制造出了孤雌生殖的小鼠，小鼠能够生长到成年并正常生育，这项研究发表于《美国科学院院报》。研究团队先是在小鼠身上找到未受精的卵子，再通过基因编辑技术找到卵子当中父系印记的基因，然后向卵子中注射一种酶，改变相关控制区域的甲基化状况，使卵细胞进入类似受精后的状态。经过多次重复实验，把编辑后的卵胞放到适宜的雌性小鼠子宫后，研究团队发现出生的这些小鼠能够活到成年，其中有1只还能够正常繁殖。这个研究只用了1只母鼠的卵细胞，相较之前的研究有较大的改进。但这个方法目前来看成功率也不高，仍需要进一步探索。

这一研究进展意义重大，为未来人类的繁殖、遗传病，畜牧业的育种都提供了全新的可能。孤雌生殖对某些女性来说可能是美好的愿景，但这是否意味着男性的地位岌岌可危了呢？

生命的PlanB

众多科幻电影都描绘了地球毁灭、人类文明消亡的场景。试想，如果我们未雨绸缪，提前给人类和动植物的基因进行"备份"，并储存到太空当中，那么是否就有机会在另一个星球重建人类社会？

2018年，中国长征四号和长征十一号火箭发射成功，把世界首个太空基因库（DSB-01）送上了太空。这些基因样本来自人类（包括作者自己的样本）和二十多个重要动植物物种，包括金丝猴、华南虎、天行长臂猿、蕙兰、水稻、大豆、三七、蒲公英等。这些基因样本乘坐运载火箭被送入距离地面一千公里的宇宙空间轨道，大约能够保存900~1000年。

基因样本是如何处理的？首先准备样本，抽取一管人类或动物的血液，或取一些植物幼嫩的叶片，用试剂提取DNA后进行干燥处理，最后得到一小撮干粉类的物质，放在一个小小的、类似金属螺丝帽的容器中储存。

这个过程简单却充满科技感。试想，在千年百年之后，这些暂时"封存"的DNA能够在一定条件下重新开始复制、表达、分化、生长，为生命留下一丝可能。这个太空版数字化的"诺亚方舟"可以说是当今人类为生命写下的B计划。

移居外星球的畅想

霍金曾说，人类必须在100年之内考虑移民外星的事情。他担心人工智能、基因工程等技术的发展可能会对人类造成毁灭性威胁。

追本溯源，生命是什么？生命从物理学的意义来看，它可以用熵的概念来理解。熵表示一个系统的混乱程度。任何事物，如果放任不管，它会永远向熵增的方向发展。

熵增是指越来越混乱，最后归于虚无。什么是生命？不断地熵减——对抗熵增，生命要求大分子的有序性、DNA的有序性、蛋白的有序性，从而控制和对抗小分子和原子的无序。这个过程就是一个不断熵减的过程。比如，每天有规律地运动、健身，使自己保持良好的身体状态，就是熵减。

随着人类技术的不断突破，我们发明了人造子宫，掌握了克隆技术，可以人工创造生命，肉体永生似乎在未来也不成问题。

这个过程当中，我们还需要考虑人工智能的因素。我想未来最大的挑战并不来自碳基，而是硅基——机器人、机器生命会不会让我们实现肉体或意识的永生？这是个更大的问题，因为它们的适应能力比我们要强大很多：没有液态水，硅基"生命"一样可以生存，而人类是碳基，离不开水和各种资源。其实，碳基和硅基之间正在不断博弈。在未来，人类是否能控制人工智能？这是一个值得探寻的问题。

硅基"生命"

　　人类若真要从地球移民，从目前来看，最有可能成为人类移民地的就是火星。火星是离地球最近、最有可能让人类适应的行星。无论是在地球还是火星，人类都需要解决三个基本问题：环境适合、传宗接代、衣食无忧。满足这三个条件，我们就可以到那个星球愉快地生存了。让我们一起进行头脑风暴，畅想一下移民火星的可行性。

　　第一，环境适合。要使火星适合人类居住，曾有人提出比较激进的想法：往火星的两极投放原子弹，使其两极的二氧化碳重新汽化，然后变成厚厚的二氧化碳层，以提高整个火星的温度，让环境暖和起来，并能够开始下雨——这是一种可能的设想。

另外，我们可能会在火星表面上建很多的镜子，让它能够反射更多阳光，使火星赤道部分最高温度可以达到20℃。这样就能基本满足人在赤道上的生活条件。

除了温度，人类最需要的就是氧气了。其实并非所有的生物都需要氧气，植物的光合作用主要是吸收二氧化碳，放出氧气，而最简单的能进行光合作用的生物是蓝藻细菌，它们释放氧气的能力很强。因此，我们可以先放足量的蓝藻细菌到火星上，让它们吸收二氧化碳，释放氧气，逐渐改变火星的大气结构。这些如果都解决了，我们就可以踏踏实实地用建设地球的办法去建设火星。这样，环境适合的问题就可以解决了。

还有更夸张的想法，如果掺和进诸如《机械战警》中那般人机融合、半人半机械等概念，或是进行定向演化——定向演化已经在动物身上（尤其是模式动物果蝇）做过很多实验——通过多代的定向引导，就会培育出新的"物种"，那么适应新环境，自然是更不在话下。毕竟，通过对基因组的研究，以及近来对一些嗜极生物的深入分析，目前的确已找到了诸多能让生物体很好适应极端环境的"优良基因"。此外，在这个过程中，与人共生的菌群及其基因组的编辑和合成，也将对人类的跨行星生存起到重要作用，是不可忽视的一环。

第二，传宗接代的问题也不在话下，可通过人造生命以及前文已经讲到的人造子宫、试管婴儿、基因编辑、合成生命等技术加以解决。让后代顺利发育，健康成长，主动适应新环境，甚至是极端且恶劣的环境，应该是可以预见的事情。已有许多专家就此课题发声，称目前看到，除合成外，最可靠的方法还是重新设计人类的DNA——可以通过改变人类及动物现有的基因功能，减少外星球恶劣的气候和环境的影响。要知道，外星球上常见的高强度电磁辐射，不仅会影响生育能力，还会导致胎儿畸形，且外太空的微重力是导致骨质流失、影响眼睛和脊髓液含量进而影响视力的重要因素，对神经系统和免疫等也有负面影响。如不改变现有的基因功能，不改变重力及各种射线，在没有外部设备（类似ICU）的保护之下，人类生命实难以维系。

最后，衣食无忧的问题。假如说地球上的70多亿人都想移居到火星上，这些土地如何支撑人类的发展？答案是，那里得有足够的食物满足人类生存需要，也得有足够支撑人类生存的农业。

当今人类有项技术叫立体农业，一块有限土地上能够种很多层农作物。比如，第一层种小麦，第二层种玉米，第三层种蔬菜，第四层种蘑菇，下面的水塘里还可以养鱼，使有限的土地资源可以发挥更大效益，同时还可以改良土壤。这种技术可以帮助人类实现衣食无忧的目标。

此外，美国大片《火星救援》中，在火星上大面积种土豆并成为农场主的计划，也并非离谱。好的消息是，已有科学家们通过实验，模拟火星的土壤和空气环境，成功种植了十余种植物。目前还有宇航员在太空种植生菜，生菜成长28天便能成熟供人食用，这可是解决了食物来源的大事——不仅能削减成本（当前每运送1公斤食物到国际空间站，要花费约十多万元人民币），而且能解燃眉之急——当前能运送的主要都是些高热量并能长期存放的食品，很少有新鲜蔬菜。

当然，令一众富豪趋之若鹜的新型食品技术——人造肉和人造蛋，也可在一定程度上解决优质蛋白获取、长期存贮及远距离运输这些老大难的问题。

此外，一些新技术的发展、新物种的培育，也让人们看到解决粮食问题的曙光。在此主要介绍多年生稻和茄子树的研究成果。

■ 多年生稻

稻为禾本科稻属（*Oryza* L.），共24个种，我们餐桌上的米饭主要来源于亚洲栽培稻（*Oryza sativa* L.），一年生草本。为满足世界人类持续增长的需求，稻承载着重大使命，科学家在耕作工具和品种培育上不断创新。20世纪中期，国际水稻领域科学家提出一种设想——把一年生粮食作物培育为多年生，这将有效缓解人类的劳动力缺乏，降低劳动强度。一年生稻培育成多年生稻，便成为全世界稻作科学家的梦想。

经过几代科学家的探索与积淀，人类在多年生稻培育的道路上看到一缕微光。云南大学胡凤益教授，以非洲长雄野生稻为父本、亚洲栽培稻为母本，通过种间远缘杂交，结合分子标记辅助选择，经过二十多年探索，原创性地培育出多年生稻品种，把水稻从一年生变成了多年生，种植一次可以收获多年（季），实现了稻作科学家的梦想。

为开展品种选育及科学机制探究，华大与云南大学于十年前开始，合作多年生稻父本长雄野生稻基因组研究，完成基因组测序解析长雄野生稻地下茎遗传网络，为多年生稻育种提供了遗传理论基础。多年生稻利用地下茎无性繁殖特性，即固定杂种优势，实现"一系"法杂交稻的可选方案，节约种子生产成本与制种环节，同时节约劳动力，降低劳动强度，缓解农村劳动力匮乏的问题。

多年生稻，根深叶茂。根深，探寻大地中的每一份养分；叶茂，吸取天空中的每一丝阳光。这样一来，多年生稻便具有更强盛的养分吸收与能量转化能力，和广泛的适应能力。多年生稻已经拓展到全国十二省份进行区域测试种植，测试种植生产情况良好。多年生稻是我国粮食安全和种业翻身仗的科技成果体现。

■ 茄子树

茄子树是华大与华中农业大学国家蔬菜类茄子研究创新团队合作，经过近十年科学研究培育出的一种颠覆传统农业生产模式的树茄砧木超级物种，将一年生的草本茄子，通过超级砧木嫁接模式变成灌木本的多年生模式，并且可以将茄子、辣椒、西红柿、人参果等同时嫁接在同一棵砧木上，实现抗病、高产的奇妙新型物种。这是国内首创的茄子栽培新模式，具有划时代的意义。

嫁接是通过植物细胞融合，使接在一起的两个部分长成一个完整的植株，能够提高植物抗病、抗逆及提高产量的有效技术。茄子树是从茄科植物的种间杂交中选育而来的优质砧木品种，通过嫁接技术，可实现一棵茄子树结出不同物种的茄科作物，可实现四季结果。

茄子树在热带、亚热带地区可进行室外种植，温带及寒带地区可在温室种植，生长速度快，四季开花结果，具有极高的观赏和实用价值，适用于产业园、生态园、研学基地、家庭阳台等多个场景，具有更多元、更广阔的应用前景。

从历史发展长河来看，我们经历了农业时代、工业时代、信息时代，现在正在走向生命时代。

从工业经济到生命经济，很多方面都发生了巨大的变化。工业经济，我们追求的是更多、更富足的物质。生命经济是解决了物质需求之后，我们应该怎样追求自己的健康，使自己生命的质量和时间可以得到有效的提高和延续。无论是基因工程、克隆技术，还是移民火星，都是对生命的永恒追求和探索。

以好奇心为驱动的人类永远不会停止探索未知的脚步，而我坚定地相信着，待我们成为多行星物种之时，其种群的智慧和善意，依然配得上"灵长"和"非凡"。

Chapter 17

未来，
基因即因一起来

———

在过去的一百多年间，我们从物理的世界
走向了信息的世界，如今则是走到了生命
科学的世界——换言之，新冠肺炎疫情之
后，时代的关键词注定会以"生命科学"
展开书写。

当今，我们正处于一个科技快速发展的时代，有些人对于新兴技术充满期待与向往，有些人则担忧新科技与社会、道德之间能否平衡。本章，我想谈谈自己对生命科学的一些理解和思考。

之前，一篇题为"喝西北风也能吃饱"的新闻评论在网上大火，这句话乍一听有些"唬人"，那它到底是什么意思呢？实际上，这篇文章讲的是我国科学家第一次通过二氧化碳合成了淀粉，也就是通过合成生物学的方式，在试管中完成了从无机物到有机物的转换，用人工方式实现了原本在植物当中要通过诸多转换步骤才能完成的复杂转化过程。

在基因操控技术的章节中，也提到了异种间器官移植技术。异种间移植，乍一听觉得很不可思议，但科学家已经进行了几十年的尝试。如果我们可以把猪的器官，通过嵌合、基因编辑甚至合成生物学的方式制造出来，那再生医学领域的发展就将更加不可限量。

所以，只有一项新技术从梦想照进现实的时候，作为接受者的我们可能不以为然，但如果千千万万的新技术都已经涌来，科技的飓风就可能会主宰未来行业的沉浮。

在过去的一百多年间，我们从物理的世界走向了信息的世界，如今则是走到了生命科学的世界——换言之，新冠肺炎疫情之后，时代的关键词注定会以"生命科学"展开书写。正如量子力学之父马克斯·普朗克（Max Planck）所言："一个新的科学哲理取得胜利，并不是让他的反对者真的接受并信服了，而是因为这些反对者终将死去，熟悉他们的下一代开始慢慢地接受了这一点，这就是一个科学范式的演进。"换句话说，我们统观漫长的科技史就会明白，不谋全局者，不足谋一域，而不谋万世者，不足谋一时。普朗克对范式变迁的描绘，在大陆板块的漂移学说正式登上历史舞台之后，西方还有一个更为激烈的版本："每参加一个葬礼，科技就前进一步。"对这句话深层次的理解是：每一代的科学权威，都是"颠覆"了他上一代的科学权威；但随之而来的，他大概率又可能会成为阻碍下一代的所谓"权威"，直到被下一代颠覆。

所以，包括我自己也时时反省，是否会因为思维定势和路径依赖而成为科技进步的阻碍者。实际上我们最需要做的事情，就是始终保持开放的心态，保持对科学的好奇，接受技术的进步甚至是颠覆。

基因即因，未来已来。人类经历了农业时代、工业时代、信息时代，再到当今进入了生命时代。如果说农业时代关心我们和粮食的问题，工业时代关心我们和原子的问题，信息时代关心我们和信息的问题，那么今天，我们关心的则是自身的基因和健康。时代由此划分，最后就可以变成两部分：非生命时代和生命时代。生命时代将以此整合物理世界、信息世界和生命世界。

那么，这样的整合对中国而言意味着什么？以中国疫情期间在全世界驰援众多国家与地区实验室的"速度"为例，中国今天可以在短短的八个小时之内就搭建起日检测量超过十万单管、检测人次超过一百万人份的"火眼实验室"。这是一次集成式创新，是一次组合式创新，它在全球扩展的速度，就意味着中国的抗疫速度。不是每一个国家都有这样的制造业，也不是每一个国家都有在大灾大难面前团结一致去解决问题的本事。

如果去研究中国的疾病谱，研究当今危害人类的重大疾病，我们会发现，肿瘤有0.3%的发病率，是新冠病毒发病率的100倍；而肿瘤的五年死亡率，更是达到了60%；中国的综合出生缺陷率大约是5.6%，其中有相当比例，是因为遗传缺陷所导致的致畸或致死的疾病，这一群小朋友五岁前的死亡率是3%。

经验告诉我们：只治不防，越治越忙——防大于治，那现在我们需要做的是把"防"应用到所有的重大疾病中。很多疾病不是说我们能否治得好的问题，而是能不能承担其费用负担的问题。

精准医学越来越昂贵，方法越来越先进，但随之而来的核心问题是，这样的技术只能为一小部分高收入家庭服务。科技发展，尤其是生命科学的发展，反向造成了生命间的不平等，这是我最不希望看到的事情。所以，防大于治对于大多数人来说是最好的办法。

在过去，我们通过人人可及的疫苗，让人群远离了很多治不好或治不起的传染病。那么，如果我们能够把基因检测、核酸检测都做到人人可及，我们势必就能通过这样的方式，通过预防和早期干预来远离治不好或治不起的遗传病和肿瘤。

前文提到，诺贝尔奖获得者、南非裔的科学家布伦纳曾经概括出科学进步的路径是新技术—新发现—新想法。原来，很多人对科学有一个误解，似乎科学所有的演进路径，都只能是科学—技术—产业。这样的想法是不对的。显微镜没有发明之前，没有人看得见微生物，也就没有微生物学。是因为我们有了镜片、有了显微镜，让安东尼·范·列文虎克（Antonie van Leeuwenhoek）和罗伯特·胡克（Robert Hooke）观测到了微生物和细胞，才推动了微生物学和细胞学说的诞生。所以技术和工具，是当前大科学的一个最根本的前提。如果没有更新的技术、更好的工具，我们注定还会被"卡脖子"，也就不可能有一些新的发现，进而产生一些新的想法。

当下，全世界在多个领域都有一些新的机会：科学、技术、工程、数学、制造业、艺术……我们不得不承认，今天科学的中心在美国，艺术的中心或许在欧洲。但是中国在工程、技术、数学和制造业上，是有很大的优势的，特别是中国工程师的庞大基数和良好素质。在这样的基础上，中国下一步的创新，要从艺术和科技方面入手突破，在传承中创新，建立起我们的文化和科技自信。

我特别想强调的一点是，很多人总喜欢把"科技"一起说，但其实"科"与"技"是有密切联系却迥然不同的两件事情。"科"就是科学，"技"就是技术，我们今天讨论非常多的产业上的"卡脖子"问题，其本质上是技术问题，甚至是科学上的"卡脑子"问题。这也就是说，我们必须自己在科学和技术方面做突破。那么，什么是科学？科学可能是"无用之用"，由科学家的好奇心驱动。对观，什么是技术？技术就是"有用之用"，往往由量化的目标所驱动。什么是工程？工程是"唯公之用"，是由经济目标驱动的。中国开展的抗疫工作是一次大科学工程，它是由使命和愿景驱动的。在这种情况下，它就不单是技术问题，而是需要综合社会组织、科技、工程等多方力量。它还需要一个关心人民的党和政府，以及一个相信党和政府的人民群体。所以，这种组织动员能力的优势，还真的不是任何一个国家能轻易复制的。

后疫情时代的机遇在哪里？我认为就是两点：第一，大科学工程，以大的科技作为工程产生一些经济的新动能、新增量；第二，一定要强调大公共卫生事业，也就是防大于治。这是从我自己的经历总结而来的。我参加的每一次以大健康为主题的论坛往往都还在讨论药，讨论治疗——这是医学、医疗，跟健康关系还比较远。国家有关文件表明，健康的关口要前移，我们要从以治疗为中心转向以预防为中心，再到以健康为中心。我们都知道这句话：没有全民的健康，就没有全民的小康。但是，如果没有全民的健身，也就没有全民的健康。所以体育强国也很重要。我想，让中国人能从药、病、院当中走出来，是我们几代人要一起努力的事情。

了解医学必须了解健康，了解人类则必须了解万物。生命科学研究得越深入，就越会意识到生命的神奇。

最高效的大数据的存储设备是什么？是生命的遗传物质DNA。1克的DNA可以存储EB级的数据，是无机硅存储效率的上亿倍。

最先使用量子技术的专家是什么？是植物细胞中的叶绿体。它们可以源源不断地把来自太阳的光子转化为化学能，其构造的精巧程度远远优于目前人类掌握的光伏技术。

最小的3D打印工厂是什么？是核糖体，它可以精准高效地合成氨基酸及蛋白质，出错概率极低。

最小的共享单车是什么？是我们细胞内的分子马达以及各种转运蛋白——即使人类静止的时候，每一个细胞中也仍然有大量的蛋白质集体在为我们的生命辛勤劳动甚至是苦苦支撑——不要忘记我们是由数十万亿个细胞所构成的整体。所以，对一个人来讲，生而为人，其实没有资格"躺平"，我们应该更好地去迎接这个世界，去享受可能每一个人都只有一次的生命且大部分不足百年的这样一段时光。

因此，最有意义的事情大概就是持续去理解生命的意义。汉堡美术学院的院长马丁·科特林（Martin Koettering）曾讲："艺术可以被学习，但不能被教授。"在生命科学领域，我想也是如此，生命可以被觉知，但无法被灌输，我们要做的是在学习和碰撞中找到求同存异的共识。对我来讲，认知生命科学的重点是什么？首先，我们要能够去探索自然的宏伟，以此感受到人类的卑微；再进一步去学习物种演化论，就会明白造物的神奇，也就感知到了众生平等，进而就会有超脱生死的达观，产生悲天悯人的共情。到这儿，我们会明白，人类归根结底，只是万千物种当中非常渺小、平等而卑微的一个。因此，我们应该通过人类种群的延续而不是一个个体的永生，来实现我们在宇宙中的长久驻存。

了解古生物史和史前史的人都知道，有一种鱼叫提塔利克鱼。这种鱼，用自己的双鳍爬到陆地上。这是鱼类的一小步，却是脊椎动物的一大步。提塔利克鱼上岸了，它放弃了海洋，收获了陆地和天空，这就相当于阿蒙森发现南极，相当于"五月花号"登陆弗尼吉亚，也相当于阿姆斯特朗登月的那一小步。

我想，这种鱼从生命史的角度看很了不起。因此，当今日许多人类的行为被冠以"万物灵长"的时候，请大家不要忘记，在漫长的物种演化当中，还有许许多多生命的"先驱者"。

提塔利克鱼的生活重建图

（图片来源：Zina Deretsky，National Science Foundation）

总之，每一代的科技注定要颠覆上一代，并做好被下一代颠覆的准备。在这样的持续突破中，人类才能生生不息，一直进步。所以，我们需要给我们的下一代留下一个更加美好、开放、自由、包容的世界。作为我个人来说，我其实更愿意做的事情是拉上华大的小伙伴走进学校，到更多的中学、小学甚至幼儿园里给大家讲课，如我们每年都会参与的"百校科普"。"猛将必起于卒伍"，大师必兴趣于孩童。如果我们要培养下一代生命科技的人才，如果中国也想培养出很多能够写出类似《昆虫记》的法布尔，生命科学就要从娃娃开始学起。

如果说生命是一组代码，我始终相信人类这一个诞生了真正的利他主义的物种，它的代码当中是有爱的。而我们做生命科学、从事健康产业的意义，正是为了让这一份爱能够永续传递。

了不起的基因

作者_尹烨

产品经理_王宇晴　　装帧设计_吴偲靓　　产品总监_何娜

技术编辑_白咏明　　责任印制_陈金　　出品人_王誉

营销团队_毛婷　魏洋　礼佳怡

果麦

www.guomai.cn

以 微 小 的 力 量 推 动 文 明

图书在版编目（CIP）数据

了不起的基因 / 尹烨著. — 广州：广东经济出版社，2023.1（2024.11重印）
ISBN 978-7-5454-8410-6

Ⅰ.①了… Ⅱ.①尹… Ⅲ.①基因－普及读物 Ⅳ.①Q343.1-49

中国版本图书馆CIP数据核字（2022）第228713号

责任编辑：刘健华　吴泽莹　许　璐
责任技编：白咏明
封面设计：吴偲靓

了不起的基因
LIAOBUQI DE JIYIN

出版发行：广东经济出版社（广州市环市东路水荫路11号11～12楼）
印　　刷：北京世纪恒宇印刷有限公司
　　　　　（北京大兴亦庄经济开发区科创三街经海三路15号）

开　本：880毫米×1230毫米　1/32		印　张：7.25		
版　次：2023年1月第1版		印　次：2024年11月第7次		
书　号：ISBN 978-7-5454-8410-6		字　数：133 千字		
定　价：68.00 元				

发行电话：（020）87393830　　　　　　　　编辑邮箱：gdjjcbstg@163.com
广东经济出版社常年法律顾问：胡志海律师　　法务电话：（020）37603025
如发现印装质量问题，请与本社联系，本社负责调换。
版权所有·侵权必究